Jean-Denis

Revêtements nanostructurés superhydrophobes pour l'aérodynamisme

Jean-Denis Brassard

Revêtements nanostructurés superhydrophobes pour l'aérodynamisme

Presses Académiques Francophones

Impressum / Mentions légales
Bibliografische Information der Deutschen Nationalbibliothek: Die Deutsche Nationalbibliothek verzeichnet diese Publikation in der Deutschen Nationalbibliografie; detaillierte bibliografische Daten sind im Internet über http://dnb.d-nb.de abrufbar.
Alle in diesem Buch genannten Marken und Produktnamen unterliegen warenzeichen-, marken- oder patentrechtlichem Schutz bzw. sind Warenzeichen oder eingetragene Warenzeichen der jeweiligen Inhaber. Die Wiedergabe von Marken, Produktnamen, Gebrauchsnamen, Handelsnamen, Warenbezeichnungen u.s.w. in diesem Werk berechtigt auch ohne besondere Kennzeichnung nicht zu der Annahme, dass solche Namen im Sinne der Warenzeichen- und Markenschutzgesetzgebung als frei zu betrachten wären und daher von jedermann benutzt werden dürften.

Information bibliographique publiée par la Deutsche Nationalbibliothek: La Deutsche Nationalbibliothek inscrit cette publication à la Deutsche Nationalbibliografie; des données bibliographiques détaillées sont disponibles sur internet à l'adresse http://dnb.d-nb.de.
Toutes marques et noms de produits mentionnés dans ce livre demeurent sous la protection des marques, des marques déposées et des brevets, et sont des marques ou des marques déposées de leurs détenteurs respectifs. L'utilisation des marques, noms de produits, noms communs, noms commerciaux, descriptions de produits, etc, même sans qu'ils soient mentionnés de façon particulière dans ce livre ne signifie en aucune façon que ces noms peuvent être utilisés sans restriction à l'égard de la législation pour la protection des marques et des marques déposées et pourraient donc être utilisés par quiconque.

Coverbild / Photo de couverture: www.ingimage.com

Verlag / Editeur:
Presses Académiques Francophones
ist ein Imprint der / est une marque déposée de
OmniScriptum GmbH & Co. KG
Heinrich-Böcking-Str. 6-8, 66121 Saarbrücken, Deutschland / Allemagne
Email: info@presses-academiques.com

Herstellung: siehe letzte Seite /
Impression: voir la dernière page
ISBN: 978-3-8381-7744-1

UQAC

UNIVERSITÉ DU QUÉBEC
À CHICOUTIMI

MÉMOIRE

PRÉSENTÉ À

L'UNIVERSITÉ DU QUÉBEC À CHICOUTIMI

COMME EXIGENCE PARTIELLE DE LA MAÎTRISE EN INGÉNIERIE

Pour l'obtention du grade de maître en sciences appliquées

(M. Sc. A.)

PAR

JEAN-DENIS BRASSARD

B. Ing.

REVÊTEMENTS NANOSTRUCTURÉS SUPERHYDROPHOBES EN VUE D'APPLICATIONS EN AÉRODYNAMIQUE

Direction : Prof. Dilip K. Sarkar, Ph.D.   Codirection : Prof. Jean Perron, Ph.D.

Novembre 2011

Résumé

Les consommations de carburants fossiles, dans le domaine des transports, ne cessent d'accroître. Dans le but de diminuer ces consommations, plusieurs équipes travaillent à obtenir des alliages plus légers, ou encore des géométries plus aéro-hydrodynamiques. Toutefois, ces modifications atteignant un apogée, l'utilisation d'un revêtement de surface superhydrophobe offrant une mouillabilité faible, pourrait être la solution. En effet, une surface de contact réduite entre l'eau et le solide en addition à une affinité chimique réduite avec l'eau pourrait diminuer la friction en surface. Plusieurs techniques permettent d'obtenir des surfaces possédant ces caractéristiques.

L'objectif de ce mémoire est de synthétiser des revêtements de surfaces superhydrophobes durables, facilement applicables à grande échelle, et de caractériser leurs effets sur la vitesse terminale de sphères en chute libre dans l'eau. Les nanoparticules d'oxyde ont des applications remarquables dans des domaines techniques émergents et variés pour obtenir des surfaces autonettoyantes ou pour obtenir des surfaces anticorrosion. Dans la présente étude, la modification et la fonctionnalisation de particules hydrophiles de silice (SiO_2) et d'oxyde de zinc (ZnO) ont été menées pour obtenir la superhydrophobicité. Une dispersion de nanoparticules de silice a été obtenue par le procédé Stöber en utilisant du tétraéthoxysilane (TEOS : $Si(OC_2H_5)_4$) et l'hydroxyde d'ammoniac, en tant que catalyseur basique, dans de l'éthanol. De plus la surface des particules de silice a été modifiée en utilisant des molécules de fluoroalkylsilane (FAS-17 : $C_{16}H_{19}F_{17}O_3Si$) afin d'obtenir des nanoparticules de silice fluorées. D'autre part la modification de la surface de l'oxyde de zinc a été réalisée en utilisant des molécules d'acide stéarique (S.A. : $CH_3(CH_2)_{16}COOH$) dans le but d'obtenir des nanoparticules de ZnO methylées.

Ces nanoparticules ont été caractérisées sous forme de poudre ainsi que sous forme de films minces tels quels ou dans différentes matrices pour confirmer et optimiser leurs dépositions pour atteindre la superhydrophobicité. Les liaisons moléculaires entre les particules (SiO_2 et ZnO) et leurs molécules de basse énergie (FAS-17 et SA) ont été démontrées par spectroscopie infrarouge à transformées de Fourrier (FTIR) et par diffraction des rayons X (XRD). Les surfaces rugueuses nano structurées ont montré des propriétés superhydrophobes, grâce, entre autres, à l'arrangement topographique, mais aussi grâce à la basse énergie de surface.

Enfin, il a été montré que lors d'essais de chute dans l'eau, le revêtement superhydrophobes nanocomposite à base d'oxyde de zinc méthylée augmente les vitesses terminales de 5 à 11 % par rapport à une bille non-recouvertes, indiquant une diminution significative de la friction de surface. De plus, ces nanoparticules fonctionnalisées peuvent être facilement incorporées à des peintures pour des dépositions à grande échelle sur des surfaces variées, métaux et non-métaux, pour des applications visant à réduire la consommation d'énergie.

Jean-Denis Brassard   Dilip K. Sarkar

Remerciements

Je tiens à remercier mon directeur, Professeur Dilip Kumar Sarkar, qui a su aider à pousser ma recherche vers un niveau supérieur. «C'est le rôle essentiel du professeur d'éveiller la joie de travailler et de connaître.» Cette maxime d'Albert Einstein décrit son rôle auprès de moi, son aide fut inestimable. Je tiens aussi à l'encourager dans ses multiples efforts pour apprendre ma langue. Merci à mon codirecteur, Professeur Jean Perron, pour ses commentaires permettant de faire évoluer ma compréhension, mais surtout d'avoir su me faire confiance.

Un grand merci à mesdames Caroline Laforte et Saleema Noormohammed pour leur lecture critique du mémoire et leur support lors de l'accomplissement de ma maitrise.

Merci aux professionnels et techniciens du LIMA et du CURAL, sans eux certaines parties du travail n'auraient pu être accomplies avec professionnalisme. Merci à mes amis Caroline B., Diane et Marc Mario pour l'aide donnée. Un merci particulier à Monsieur Martin Truchon pour toutes les petites choses qu'il a faites tout au long de mon projet.

Un merci spécial à mes collègues étudiants du LIMA : Derek, Éric et Mohammed, et à ceux du CURAL : Ying et Myriam.

Merci à ma famille, mon père Daniel, ma mère Céline et ma grande sœur Anie, pour leurs encouragements. Les meilleures pour la fin. Merci à ma conjointe Annie pour le support inconditionnel et l'amour qu'elle me donne, c'est ma motivatrice #1. Mais, surtout, merci à la plus belle des poulettes, ma «nano» Rosalie, maintenant plus dans le kilo, qui restera pour toujours ma petite fleur.

Table des matières

Liste des tableaux

Liste des figures

xvi

Liste des abréviations et symboles

CA : Angle de contact

CBD : Dépôt par bain chimique

D : Diamétre (m)

EDX : Dispersiomètre à énergie des rayons X

F : force (N)

f_1 : fraction de solide

f_2 : fraction d'air

FAS-17 : Fluoroalkylsilane

F_f : force de friction

FTIR : Spectromètre à infrarouge à transformée de Fourrier

g : gravité terrestre (9,81 m/s^2)

MEB : microscope électronique à balayage

R : rayon (m)

RMS : Moyenne géométrique de rugosité

Rw : Ratio d'aire réelle sur l'aire apparente

SA : acide stéarique

SiO_2 : Silice

TEOS : Tétraethoxysilane

XRD : Diffractomètre à rayons X

ZnO : oxyde de zinc

ZnO SA : Stéarate de zinc

θ : Angle de contact (°)

γ_{SV} : Tension de surface solide-vapeur

γ_{SL} : Tension de surface solide-liquide

γ_{LS} : Tension de surface liquide-solide

%m : pourcentage massique

%v : pourcentage volumique

CHAPITRE 1

Introduction

Ce chapitre propose une définition de la mouillabilité des surfaces menant à la définition de la superhydrophobicité, expose une problématique vis-à-vis la traînée, présente les hypothèses de la recherche ainsi que ses objectifs. Finalement, un abrégé de la méthodologie y est inclus.

1.1. La mouillabilité

Les propriétés de mouillabilité avec l'eau des surfaces (métaux, alliages, oxydes, etc.) sont évaluées par les mesures d'angle de contacts que fait une goutte d'eau sur la surface. Lorsque l'angle de contact est inférieur à 90° la surface est appelée hydrophile (aimant l'eau) et pour un angle supérieur à 90° la surface est dite hydrophobe (repoussant l'eau). Récemment, deux nouveaux termes ont été proposés afin de décrire les surfaces : superhydrophile et superhydrophobe. Lorsque l'angle de contact est près de 0° et que le mouillage est presque parfait, où l'eau s'étend complètement formant une mince couche, la surface est décrite comme étant superhydrophile. Inversement, lorsque l'angle de contact sur la surface est plus grand que 150° et que le mouillage est faible ou nul, elle est appelée superhydrophobe.

Les propriétés de non-mouillabilité ou superhydrophobes sont couramment observées sur les surfaces des corps de la nature, comme les plantes ou les insectes. Un des exemples communément cités est la feuille de lotus (Figure 1). L'effet lotus est dû à la présence de micro et nano structures rugueuses (Figure 2) couvertes d'un matériau cireux possédant

1

une faible affinité chimique avec l'eau résultant d'un angle de contact avec l'eau légèrement au-dessus de 150°[1].

Figure 1 : Eau sur la surface d'une feuille de lotus. Cette surface est à la base des études sur la mouillabilité.

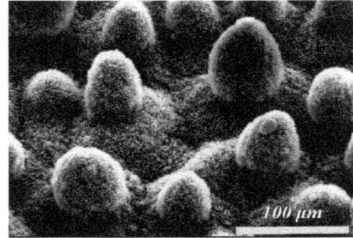

Figure 2 : Microstructure de la feuille de lotus montrant des micros et des nano rugosités.

Plusieurs autres plantes, animaux et insectes peuvent être utilisés pour démontrer la superhydrophobicité. Par exemple, les aquarius remegis, dites «patineuses», peuvent facilement rester et marcher sur l'eau à cause de la topographie non mouillable de leurs pattes [2]. Selon Gao et Jiang, la façon dont l'eau est repoussée de leurs pattes s'explique par leur structure hiérarchique spéciale, qui est couverte d'un grand nombre de petits poils orientés (microsetae) avec de toutes petites vagues (nano) recouvertes d'un matériau cireux. La structure rugueuse permet à de grandes quantités d'air d'être emprisonnée entre les porosités, résultant en une surface hétérogène composite où l'air et la cire donnent une faible énergie de surface augmentant ainsi l'angle de contact de la surface.

Ainsi en s'inspirant de la nature, la superhydrophobicité peut être recréée avec une surface ayant une topographie optimale, suivie d'une passivation avec un revêtement de basse énergie de surface. Comme la surface de contact entre le fluide et la surface solide superhydrophobe est négligeable, la surface pourrait avoir un effet sur la trainée. La traînée est définie comme la force opposée d'un corps en mouvement dans un fluide. En résumé, la réduction de la trainée pourrait avoir de nombreux avantages dans les domaines du transport ou du sport permettant, dans certain cas, d'importantes économies d'énergie.

Une relation très simple et couramment utilisée (Équation 1) décrivant la mouillabilité à l'égard de l'angle de contact d'une goutte en équilibre avec une surface solide a été donnée par Young [3]. Elle implique les énergies libres de trois interfaces en contact avec la goutte d'eau lorsqu'elle est placée sur une surface solide, à savoir les coefficients de tension de surface solide / liquide (γ_{SL}), solide / vapeur (γ_{SV}), et liquide / vapeur (γ_{LV}). En effectuant un bilan de force, il est possible de déterminer l'angle de contact θ, avec la surface telle que montrée sur la Figure 3.

Équation 1

$$\cos\theta = \frac{\gamma_{SV} - \gamma_{SL}}{\gamma_{LV}}$$

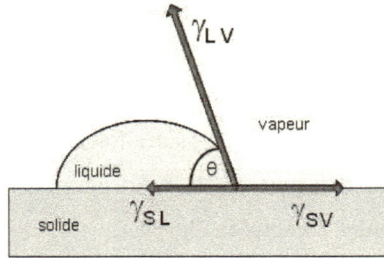

Figure 3 : Une goutte d'eau en équilibre sur une surface telle que présentée par Young permettant de présenter l'angle de contact selon une sommation de forces.

Pour atteindre un angle de contact de valeurs supérieures à 150°, il est nécessaire que la rugosité de surface soit ajoutée pour améliorer l'hydrophobicité de la surface solide. Les effets de topographies de surface ont été exprimés mathématiquement par Wenzel [4] et les équations de Cassie-Baxter [5]. L'équation de Wenzel est exprimée comme suit:

Équation 2

$$\cos \theta' = R_w \cos \theta$$

Où le facteur de rugosité R_w est le ratio de la vraie surface, incluant les rugosités, sur la surface apparente, sans tenir compte des rugosités. θ' est ici l'angle de contact modifié sur la surface. La Figure 4 (a) et (b) démontrent le comportement de l'eau sur les surfaces basées sur les modèles de Wenzel et Cassie-Baxter.

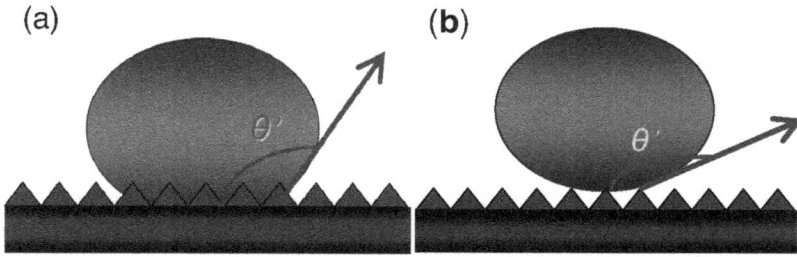

Figure 4 : Effets de la topographie de surface sur l'angle de contact de l'eau selon (a) Wenzel, où l'eau pénètre les rugosités, et (b) Cassie-Baxter, pour un système composite entre l'air et le solide.

Le modèle de Cassie-Baxter décrit les effets de la rugosité sur les structures chimiquement hétérogènes, c'est-à-dire à plusieurs composantes, où l'angle de contact apparent est décrit mathématiquement à partir de l'équation de Cassie :

Équation 3

$$\cos \theta' = f_1 \cos \theta_1 + f_2 \cos \theta_2$$

Où θ' est l'angle de contact de la surface composite consistant à deux composantes, un solide et l'air, avec des angles de contact θ_1 et θ_2, et leurs fractions respectives f_1 et f_2. Dans un système composite, f_1 est assumée comme la fraction de la surface solide et f_2 est assumée comme la fraction d'air, où θ_2 est 180°. Comme $f_1 + f_2 = 1$ l'Équation 4 peut-être modifiée comme suit :

Équation 4

$$\cos \theta' = f_1 (\cos \theta_1 + 1) - 1$$

5

Cette équation explique pourquoi sur une surface rugueuse avec de larges quantités d'air emprisonnée dans les irrégularités on peut obtenir des propriétés superhydrophobes avec une minuscule fraction de surface solide en contact avec l'eau.

Tel qu'énoncé précédemment, une surface superhydrophobe respecte un angle plus grand de 150°. De plus, cet angle est atteint grâce à la présence de micro et de nano rugosité, mais aussi grâce à la présence d'une basse énergie de surface. Plusieurs techniques permettent leur obtention sur divers substrats. Faisant l'objet de nombreuses études, leurs applications sont variées. L'application la plus courante est la surface autonettoyante [6]. Ces surfaces sont surtout utilisées sur les fenêtres des gratte-ciels, sur les surfaces de panneaux solaires afin d'améliorer leur efficacité et leur rendement, ou sur des vêtements ou tissus leur conférant des capacités antitaches [7]. L'utilisation de ces surfaces comme hydrofuges est aussi courante [8] permettant de garder les composantes requises à sec. Les superhydrophobes sont souvent utilisés dans le domaine biomédical [9], empêchant les contaminants de se propager sur les surfaces ou encore en augmentant les compatibilités biologique et chimique. De plus la surface peut servir comme agent anticorrosif [10] augmentant ainsi la longévité des composantes utilisées en milieu corrosif. Enfin, les surfaces sont applicables afin de réduire la friction [11], permettant ainsi des applications en aérodynamique et en hydrodynamique. Ces applications en aérodynamique et en hydrodynamique en réduction de la traînée sont un domaine émergent en ingénierie car diminuer la trainée entraîne des économies non négligeables dans l'industrie aérospatiale.

1.2. Problématique

L'industrie des vols commerciaux est en expansion constante et le restera toujours. En 2010, 29,2 millions de vols ont eu lieu, découlant des consommations de carburants fossiles, en majeure partie le kérosène, de plus de 220 millions de tonnes et du rejet dans l'atmosphère de plus de 664 millions de tonnes de gaz carbonique (CO_2). La diminution de la pollution étant un enjeu majeur de la société actuelle et les sources de combustibles n'étant pas illimitées, leurs diminutions sont de plus en plus requises. L'utilisation de matériaux de plus en plus légers, par exemple des alliages d'aluminium ou des matériaux composites, et de formes plus aérodynamiques, permet de diminuer la masse des appareils, mais aussi les forces requises pour maintenir le cap. Il en est de même pour le marché du transport maritime. Plus de 100 millions de tonnes de marchandises ont transité dans les ports québécois en 2010 [12]. Nombreux sont les bateaux en circulation et, de plus en plus, les masses des appareils sont diminuées, diminuant ainsi la force de traînée. Dans ce cas-ci, le changement de géométrie est difficilement réalisable.

L'apogée dans les améliorations structurales et géométriques ayant été atteint, d'autres solutions sont maintenant envisagées. Par exemple pour une application en grande échelle, la modification des surfaces, en se basant sur les solides superhydrophobes, pourrait être la solution. L'utilisation de revêtement de surface permet, en ajoutant une masse négligeable aux appareils, de conserver les propriétés des matériaux internes, dont la légèreté et la solidité, tout en ajoutant les effets voulues, c'est-à-dire de diminuer la friction causée par l'interaction entre les surfaces et les fluides.

1.3. Hypothèses

Une surface superhydrophobe propose une surface rugueuse de basse énergie de surface. La zone de contact entre le solide et le fluide est négligeable, causée par l'arrangement nano et micro structuré, et par grande quantité d'air est emprisonnée dans la topographie. De plus, les frictions entre l'eau et l'air, et l'air et l'air sont considérées nulles [13]. En fonction des faits nommés plus haut, un revêtement superhydrophobe durable pourrait avoir des effets significatifs sur la traînée de surface entraînant des économies substantielles dans les domaines du transport aéronautique et du transport maritime.

1.4. Objectifs

L'objectif principal est de concevoir deux revêtements de surface diminuant les effets de traînée en s'inspirant de revêtements superhydrophobes. Plus spécifiquement :

1. Obtenir deux revêtements superhydrophobes possédant de bonnes qualités mécaniques (adhérence avec le substrat et durabilité) et être applicable à grande échelle.
2. Valider de leurs effets sur la traînée (Vitesses terminales).

1.5. Méthodologie abrégée

Le mémoire se divise en sept chapitres. Ce premier chapitre montre comment les surfaces peuvent être mouillable ou non. S'en suit la problématique, les hypothèses et les objectifs de recherche.

Le chapitre 2 donne une revue de littérature sur les techniques pour obtenir des surfaces à topographies rugueuses, comment abaisser l'énergie de surface et finalement comment les jumeler et obtenir une surface superhydrophobe. Ensuite de l'emphase a été mise sur la technologie Sol-Gel et ses effets sur la superhydrophobicité. Finalement les effets superhydrophobicité sur la trainée de surface sont donnés.

Le chapitre 3 donne des détails sur la méthodologie utilisée pour obtenir deux différents revêtements superhydrophobes. Le premier revêtement est composé de nanoparticules de silice (SiO$_2$) synthétisées chimiquement ensuite fonctionnalisées par le fluoroalkylsilane (FAS-17). Une publication a été faite par rapport à cette découverte [14]. Le deuxième revêtement est composé de nanoparticules d'oxyde de zinc (ZnO) obtenues commercialement, fonctionnalisées par l'acide stéarique (S.A.). Des détails sur les techniques d'application des revêtements et sur les techniques de caractérisation sont aussi inclus.

Le chapitre 4 présente les résultats obtenus pour un revêtement composé de nanoparticules de silice (SiO$_2$) synthétisées chimiquement ensuite fonctionnalisées par le fluoroalkylsilane (FAS-17). Les particules ont été analysées chimiquement et physiquement. Plusieurs moyens ont permis d'optimiser la grosseur des nanoparticules, la concentration de FAS-17, et le nombre de couches, comme par exemple la mesure des angles de contact de l'eau et de profils de surface.

Le chapitre 5 présente un revêtement composé de nanoparticules d'oxyde de zinc (ZnO) obtenues commercialement, fonctionnalisées par l'acide stéarique (S.A.) et de matrice de polymère. Les particules ont été analysées chimiquement et physiquement. Plusieurs moyens ont permis d'optimiser la densité massique de nanoparticules, la concentration massique de polymère, comme par exemple la mesure des angles de contact de l'eau et de profils de surface.

Le chapitre 6 montre comment le revêtement composé de nanoparticules d'oxyde de zinc (ZnO) obtenues commercialement, fonctionnalisées par l'acide stéarique (S.A.) et de matrice de polymère se comporte lors d'essais de chute dans l'eau. Ces essais ont permis de déterminer son effet sur la traînée en évaluant leurs vitesses terminales. Enfin un simple modèle explique le phénomène observé.

Finalement le chapitre 7 donne les conclusions et les recommandations du mémoire.

CHAPITRE 2

Revue de littérature

Ce chapitre couvre différentes techniques de préparation de surface superhydrophobes, mais aussi leurs applications potentielles.

2.1. Techniques de préparation de surface

Généralement, pour obtenir une surface superhydrophobe, il suffit d'être hydrophobe, avec une basse énergie de surface, mais surtout rugueux, dans les échelles micrométrique et nanométrique, en favorisant l'emprisonnement d'air dans la topographie. Au courant des années 1990 et 2000, plusieurs techniques ont été proposées. Le procédé pour l'obtention de surface peut se faire en deux étapes : rendre un substrat rugueux dans le mode nano-micro et abaisser l'énergie de surface [15, 16]. Toutefois, il est possible d'obtenir des rugosités tout en abaissant l'énergie de surface en une seule étape («One step process») [10, 17].Les techniques les plus communes sont décrites dans cette section, comme par exemple le dépôt par bain chimique, le dépôt électrochimique ou encore les revêtements au plasma.

2.1.1. Dépôt par bain chimique

Le dépôt par bain chimique [17] est une des méthodes les plus simples pour l'application de couches minces et de nanomatériaux, des matériaux ayant des caractéristiques particulières à cause de leur taille nanométrique. Cette technique permet de faire de grandes quantités de substrats ou encore de travailler en continu. L'avantage majeur de cette technique c'est qu'elle ne requiert pas d'équipement dispendieux, seulement un contenant, une solution de déposition et un substrat. Lorsque le substrat est mis en contact avec la solution, il y a une réaction ou une

11

décomposition survenant près de la surface formant des dépôts de topographie distincte.

2.1.2. Dépôt par vapeur chimique

Le dépôt par vapeur chimique [18] est une technique d'application de film solide de haute pureté et de haute performance. L'équipement utilisé est couteux, demandant une chambre contrôlée (pression et température) réduisant la grosseur possible du substrat. Dans ce procédé, un substrat est exposé à des vapeurs chimiques pouvant réagir ou se décomposer à la surface, produisant le dépôt désiré.

2.1.3. Dépôt électrochimique

Le dépôt électrochimique (électrodéposition) [10] est une technique d'application de couche mince sur des métaux. Cette technique est rapide, peu couteuse et permet des procédés à des températures normales. Le procédé consiste à placer deux substrats dans un liquide (produit chimique basique ou acide). L'un est la cathode, l'autre est l'anode. En utilisant du courant continu de différent voltage, certain composé sont déposés sur les surfaces. Il est possible de varier la grosseur et la quantité de composés à la surface. La nature du composé déposé et sa géométrie varient selon si la pièce est anode ou cathode.

2.1.4. Gravure chimique

La gravure chimique [19] est un procédé qui consiste à enlever des couches microscopiques de métaux à l'aide d'une base ou d'un acide. Le procédé utilisé est simple : le substrat de métal est déposé dans la solution qui attaque la surface. Cette technique est peu couteuse et permet de varier plusieurs paramètres comme le temps d'attaque, la concentration de l'acide ou la température du procédé par exemple, permettant ainsi de modifier la géométrie et la nature des surfaces.

2.1.5. Photolithographie

Le procédé de photolithographie [20] est un procédé très utilisé en électronique pour l'application de couche mince sur une surface. Le procédé est simple au début, mais devient complexe à la longue. Comme première étapeé il faut enduire la surface d'un film mince de polymère ou de photorésine laquelle est radiée par un faisceau lumineux de haute précision donnant la topographie requise. L'équipement s'avère couteux, toutefois il permet d'obtenir des topographies continues.

2.1.6. Techniques utilisant le plasma

Le plasma [21] est beaucoup utilisé en nanofabrication des surfaces. Il peut être utilisé comme technique d'arrachement de matière ou technique de déposition. Pour la gravure des substrats, la surface est attaquée par des ions arrachant ainsi certaines parties. Pour la déposition, les ions déposent sur la surface des ions pris dans un bain de vapeurs chimiques.

2.2. Abaissement de l'énergie de surface

Dans plusieurs cas, l'obtention d'une surface rugueuse n'est pas suffisante pour obtenir la superhydrophobicité. En plus il doit y avoir une faible énergie de surface. Il existe deux techniques pour avoir une basse énergie de surface pour obtenir ces deux conditions : donner des rugosités à un matériau de basse énergie, comme le polystyrène [11, 21], ou encore enduire des rugosités avec un revêtement ayant une basse énergie de surface, comme des silanes, contenant de nombreuses fluorines, comme le fluoroalkylsilane [16], ou encore de longues chaines organiques, comme de l'acide stéarique[10, 22]. Ces longues molécules chimiques entre en

13

réaction ou encore recouvrent entièrement les surfaces initialement hydrophiles. Les longues chaines fluorées et méthylées sont généralement utilisées car elles ne font aucune liaison chimique avec l'eau, étant très stables chimiquement. En général, plus les molécules sont longues, plus la surface aura une faible énergie de surface. L'avantage d'un silane est qu'il permet de former une liaison moléculaire robuste au niveau des siliciums présents dans la silice. Plusieurs autres techniques sont utilisées pour abaisser l'énergie de la surface.

2.3. Surfaces superhydrophobes

Plusieurs techniques ont récemment été développées pour l'obtention de surfaces superhydrophobes. Voici quatre de ces techniques.

2.3.1. Nano tours d'oxyde de zinc sur silicium

Saleema et coll. [22] ont obtenu des nano tours d'oxyde de zinc sur du silicium (Figure 5) par dépôt en bain chimique. Le procédé se déroule à 70 °C dans un four. Le bain chimique se compose de $Zn(NO_3)_2$ et de NH_4OH, favorisant ainsi l'accroissement en forme de tours. Les rugosités sont ensuite traitées avec de l'acide stéarique, recouvrant entièrement les rugosités et diminuant l'énergie de surface. Cet étape rend la surface superhydrophobe.

Figure 5 : Nano tours de ZnO sur silicium [22]. Les nano tours sont obtenue par bain chimique sur un substrat d'aluminium en utilisant du nitrate de zinc et de l'hydroxyde d'ammoniac.

L'angle de contact sur cette surface est de ~173 ±1° du à la présence d'une structure binaire réduisant la surface de contact et favorisant l'emprisonnement d'air dans la nanostructure.

2.3.2. Film d'argent sur du cuivre

Sarkar et coll. [17] ont obtenu un film d'argent superhydrophobe sur du cuivre en une seule étape. Le film est obtenu en introduisant un coupon de cuivre dans une solution de nitrate d'argent et d'acide benzoïque pour différent temps. Les analyses par diffraction de rayon X (XRD) ont montré que le cuivre était recouvert d'oxyde de cuivre et d'oxyde d'argent. En analysant avec un microscope électronique à balayage on remarque l'arrangement de la micro-nano structure (Figure 6).

15

Figure 6 : Film d'argent sur du cuivre [17]. La couche mince est obtenue par l'immersion d'un substrat de cuivre dans une solution de nitrate d'argent et d'acide benzoïque. Dans le coin droit, une goutte d'eau sur la surface montre un angle de 162°.

L'angle de contact sur cette surface est de ~162° et à des applications potentielles en réduction de la traînée dans l'eau, par exemple le transport d'eau potable en réduisant les pertes de charge dans un tuyau, mais aussi pour des fins de purification de l'eau, une vertu connue de l'argent.

2.3.3. Gravure chimique de l'aluminium

Sarkar et coll. [19] ont procédé à la gravure chimique de l'aluminium avec de l'acide chlorhydrique (HCl) qu'ils ont ensuite recouvert de téflon par plasma. La topographie de l'aluminium montre une augmentation de la rugosité avec le revêtement tel que présenté en Figure 7.

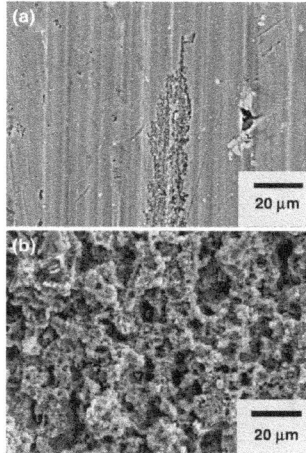

Figure 7 : Aluminium gravé chimiquement enduit de téflon. [19]. (a) montre une surface telle que reçue avant traitement. (b) montre la surface attaquée par l'acide chlorhydrique puis enduite de téflon par la technique plasma.

Les analyses de la surface montrent le dépôt de téflon sur la surface, et l'angle de contact optimal atteint $164 \pm 1°$ avec des propriétés autonettoyantes avec l'écoulement de l'eau. Le procédé utilisé s'avère toutefois couteux. Il offre des applications potentielles en réduction de l'adhérence de la glace.

2.3.4. Nanoparticules de silice dans une matrice d'époxy

Karmouch et coll. [23] ont obtenu un revêtement superhydrophobe pour les éoliennes. La base de leur revêtement consiste à des nanoparticules de silice de 15 à 25 nm de diamètre, qu'ils ont mélangée avec une résine époxy diluée avec du toluène. Les nanoparticules servent à donner la rugosité et favoriser l'emprisonnement d'air alors que l'époxy sert d'agent abaisseur d'énergie et d'élément de résistance à l'usure. L'analyse au

17

microscope électronique à balayage (Figure 8) montre la présente des particules en grappes exhibant une topographie à l'échelle du micro et du nano.

Figure 8 : Nanoparticules de silice dans une matrice d'époxy [23]. La microstructure montre bien les rugosités crées par l'empilement aléatoire.

L'utilisation d'époxy comme agent regroupant permet d'obtenir une résistance élevée à l'érosion allouant le revêtement à être utilisé sous les intempéries. L'angle de contact sur cette surface varie avec la concentration de silice, atteignant 152° au maximum avec 2.5 % massique de silice.

2.4. Technologie Sol-Gel

L'obtention de verre se fait depuis des siècles. L'utilisation de hautes températures s'est avérée essentielle afin d'atteindre l'homogénéité dans la matière (c'est-à-dire un état amorphe). Depuis le 20e siècle, la technologie Sol-gel est une technique largement utilisée dans le domaine des matériaux permettant d'obtenir un matériau vitreux sans avoir recours à de hautes températures. Dans cette méthode, la solution (Sol) évolue chimiquement, par hydrolyse et condensation, et par gélation (Gel) elle passe d'une solution liquide à une solution biphasée solide liquide homogène. La phase solide prend la forme d'une particule, lorsqu'une base est utilisée comme catalyseur [24]. (Figure 9)

Figure 9 : Agrégats de particules obtenus par un catalyseur basique lors de la synthèse d'oxyde par le procédé solgel [24].

Le précurseur le plus courant dans cette méthode est le tétraéthoxysilane (TEOS) qui est un alkoxyde du silicium. Cet alkoxyde a été largement étudié et plusieurs auteurs l'utilisent dans leurs recherches. Stöber et coll. [25] proposèrent un procédé pour l'obtention de nanoparticules de silice (SiO_2) de différente grosseur à l'échelle du micro et du nanomètre.

2.4.1. Sol-Gel et superhydrophobicité

L'utilisation de la technologie Sol-Gel dans le domaine des superhydrophobes est courante. En utilisant le précurseur TEOS avec une base, comme l'hydroxyde d'ammoniac, on obtient des nanoparticules permettant de faire une topographie nano-micro structuré, alors qu'en l'utilisant avec un acide on obtient un réseau polymérisé augmentant la dureté et la résistance. Plusieurs auteurs [7, 8, 26-28] ont utilisé cette méthode pour obtenir une topographie de surface superhydrophobe.

2.5. Réduction de la traînée

La traînée est la force opposée à un corps en mouvement dans un fluide. En guise d'application en ingénierie, la réduction de la trainée est un domaine émergent. Des améliorations techniques dans ce domaine pourraient augmenter les économies de carburant. L'économie d'énergie pourrait par la suite faire augmenter la fiabilité et les performances des équipements et des machines.

2.5.1. Réduction de la trainée dans l'eau

Les surfaces superhydrophobes ont pour applications la réduction de la friction de surface dans l'eau. La friction en surface est entre autre responsable de la traînée. Nosonovsky et coll. [29] expliquent le phénomène de diminution de la traînée par une réduction de la surface de contact entre le solide et le fluide, favorisée par les grandes quantités d'air emprisonnée dans la topographie d'un superhydrophobe. Parkin et coll. [30] en 2010 utilise le modèle de Cassie-Baxter. En supposant qu'un film d'air microscopique est emprisonné à la surface, le contact entre l'eau et le solide est moindre. Ainsi, comme l'angle de contact est plus grand, la friction de surface est moindre conduisant à une augmentation de la vitesse du fluide. Cette théorie est réitérée par Ou et coll. [31] dans leur modèle présenté dans la Figure 10.

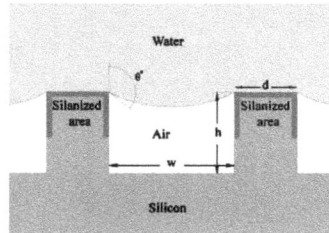

Figure 10 : Modèle de réduction de la traînée proposé par Ou et al [31]. Ce modèle, basé sur Cassie-Baxter, montre clairement comment l'eau ne touche pas complètement la surface. Cela permet dont une réduction de la traînée.

Gogte et coll. [32] utilisent une surface portante hydrodynamique de type Joukovsky (Joukovsky hydroptère) recouverte de différents revêtements superhydrophobes dans un tunnel d'eau à recirculation. La surface portante est rattachée à un capteur de force mesurant la traînée. Le débit d'eau dans le tunnel permet d'obtenir des nombres de Reynolds variant de 1500, en régime laminaire, jusqu'à 11 000, en régime turbulent. Le coefficient de traînée, C_D, est normalisé selon la force de traînée D. Les auteurs obtiennent les résultats suivants (Figure 11). À bas nombre de Reynolds, soit à 1400, le revêtement superhydrophobe avec une rugosité de 8 μm est le plus efficace avec une réduction de la trainée d'environ 18 %. En augmentant la vitesse, les réductions de traînée sont plus petites, 7 % à un nombre de Reynolds de 11 000.

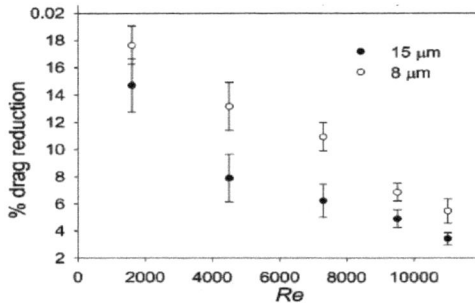

Figure 11 : Résultat de diminution de la traînée de Gogte et coll. [32]. Selon la vitesse utilisée, les revêtements donnent des réductions de vitesse de 7% à 18%.

McHale et coll. [33] ont utilisé des sphères recouvertes de différents revêtements superhydrophobes pour quantifier leur effet sur la trainée. Deux sphères, une superhydrophobe et l'autre sans revêtement, sont lancées dans des tubes remplis d'eau et la gravité les fait descendre. À l'aide d'une caméra haute vitesse et différents capteurs, ils mesurent le temps de déplacement de chaque bille, leurs permettant de calculer la vitesse terminale et le coefficient de traînée. La Figure 12 montre les résultats obtenus : soit des réductions de 5 % à 15 % tout dépendant du revêtement utilisé, selon le ratio du coefficient de traînée de la surface hydrophobe sur celui d'une surface non-traitée.

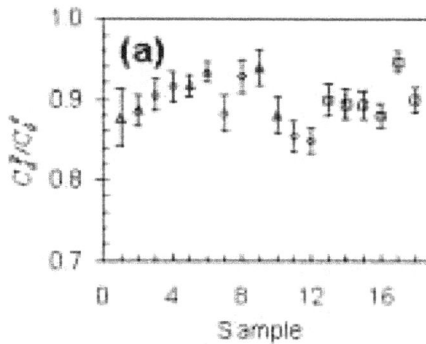

Figure 12 : Résultats de McHale et coll. [33]. L'utilisation d'un revêtement superhydrophobe permet une réduction de la traînée allant de 5 à 15% selon le ratio obtenu.

Jin et al [34] ont produit des surfaces superhydrophobes à partir d'aérogel (Sol-Gel) fluorés. À l'aide d'un rhéomètre, dont la surface d'essai était recouverte de revêtement superhydrophobe, ils ont mesuré, à différents taux de cisaillement, la contrainte. Pour leur revêtement offrant des angles de contact d'environ 153°, ils ont mesuré des diminutions de contrainte de 5 à 6 %, prouvant ainsi qu'il y a une diminution de la traînée. Su et coll. [35] proposent aussi l'analyse hydrodynamique de sphères superhydrophobes. Ils ont effectué un essai avec des sphères flottantes, démontrant que leur revêtement fait à partir de particules de silice de 14 nm de diamètre se déplace plus rapidement de 30 %. Toutefois pour des essaiss de chute dans l'eau avec le même revêtement, ils ont remarqué des diminutions de vitesse de 6 % en comparant la sphère superhydrophobe à celle sans revêtement.

23

2.5.2. Réduction de la trainée dans l'air

Une compagnie anglaise d'aviation nommée Easyjet, en association avec une compagnie développant des peintures, Tripple O's, utilise sur des avions un revêtement fait à base de nanoparticules. Ils les utilisent pour remplir les microfissures présentes en surface. Ces microfissures seraient, en partie, responsables de la trainée, augmentant les frais de carburant. La Figure 13 montre comment la surface est modifiée pour diminuer la friction de 39 % [36]. Aucune publication scientifique ne montre les effets indiqués par le fabricant. Ils comparent, sur cette figure, la surface originale avec deux revêtements conventionnels et avec leur propre revêtement.

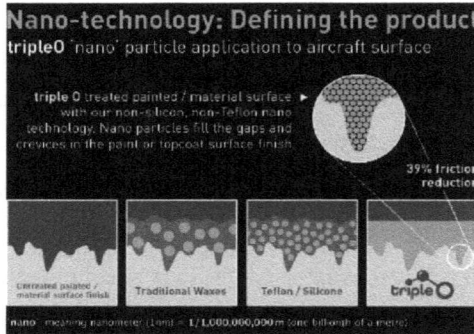

Figure 13 : Procédé proposé par Triple O pour diminuer la friction donc la trainée. La modification de la surface par leur procédé montre l'obtention d'une surface lisse.

Cette compagnie n'indique aucune spécification par rapport au fini de surface obtenue ni par rapport à l'adhérence et la résistance. Toutefois, selon les caractéristiques proposées sur le site web de la compagnie, il pourrait s'agir d'un revêtement superhydrophobe.

24

CHAPITRE 3
Méthodologie et instrumentation

3.1. Introduction

Ce chapitre contient une description méthodes et des appareils utilisés pour la fabrication, l'obtention et la caractérisation des surfaces.

3.2. Revêtement nanostructuré superhydrophobe à base de silice et de fluoroalkylsilane

La technologie Sol-Gel est utilisée pour la synthèse des nanoparticules qui sont ensuite passivées avec un organo-silane

3.2.1. Matériel

Produits chimiques et équipements

Les nanoparticules ont été obtenue chimiquement dans une solution d'éthanol. Le précurseur Tetraéthoxysilane (TEOS : $(Si(OC_2H_5)_4)$) a été mis en réaction avec L'hydroxyde d'ammoniac (NH_4OH) puis fonctionnalisé avec du fluoroalkylsilane (FAS-17 $C_{16}H_{19}F_{17}O_3Si$)

3.2.2. A : Synthèse des nanoparticules de silice selon Stöber.

La silice (SiO_2) est le composé chimique le plus présent dans l'écorce terrestre. En utilisant l'alkoxyde tetraéthylorthosilicate (TEOS : $Si(OC_2H_5)_4$) et une base comme l'hydroxyde d'ammoniac (NH_4OH), il est facilement possible d'obtenir de la silice sous forme de nanoparticules. Cette réaction, ou procédé, a été longuement étudiée et provient à la base de Stöber [25]. La réaction chimique est d'hydrolyse, car un ion hydroxyle s'attache au silicium. Elle se traduit comme suit

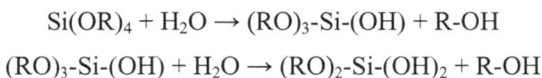

$$Si(OR)_4 + H_2O \rightarrow (RO)_3\text{-}Si\text{-}(OH) + R\text{-}OH$$
$$(RO)_3\text{-}Si\text{-}(OH) + H_2O \rightarrow (RO)_2\text{-}Si\text{-}(OH)_2 + R\text{-}OH$$

$$(RO)_2\text{-}Si\text{-}(OH)_2 + H_2O \rightarrow (RO)_1\text{-}Si\text{-}(OH)_3 + R\text{-}OH$$

$$(RO)_1\text{-}Si\text{-}(OH)_3 + H_2O \rightarrow Si\text{-}(OH)_4 + R\text{-}OH$$

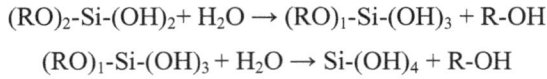

Donnant une réaction totale si la quantité de réactif est adhéquate:

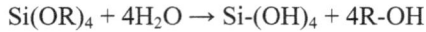

$$Si(OR)_4 + 4H_2O \rightarrow Si\text{-}(OH)_4 + 4R\text{-}OH$$

Où R est C_2H_5

Dans cette réaction l'hydrolyse de chaque groupement C_2H_5 du TEOS se produit à tour de rôle. Ce sont des réactions incomplètes, considérées comme hydrolyses partielles, qui permettent une liaison siloxane en réaction de polymérisation par condensation $[Si\text{-}O\text{-}Si]_n$ selon les deux réactions suivantes sous forme de particules de verre :

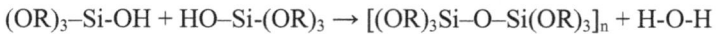

$$(OR)_3\text{--}Si\text{-}OH + HO\text{--}Si\text{-}(OR)_3 \rightarrow [(OR)_3Si\text{--}O\text{--}Si(OR)_3]_n + H\text{-}O\text{-}H$$

où

$$(OR)_3\text{--}Si\text{-}OR + HO\text{--}Si\text{-}(OR)_3 \rightarrow [(OR)_3Si\text{--}O\text{--}Si(OR)_3]_n + R\text{-}OH$$

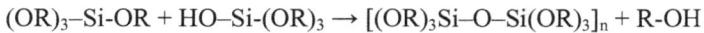

3.2.2. B : Fluorination des nanoparticules de silice.

L'utilisation d'une base pour effectuer la synthèse donne de la silice sous forme de nanoparticules. Les nanoparticules obtenues offre une liaison hydroxyde (-OH) de haute énergie en surface de la molécule selon la forme de la chaine en Figure 14.

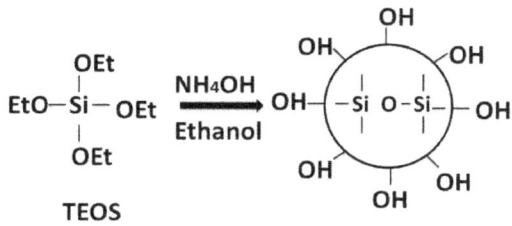

Figure 14 : Obtention de particules de silice par le procédé Stöber.

En ajoutant à cette solution de silice des molécules de fluoroalkylsilane ($C_{16}H_{19}F_{17}O_3Si$) il est possible de remplacer les groupements hydroxyde libres en surface par les longues chaines fluorées, afin de diminuer son énergie de surface. La réaction partielle est présentée sur la Figure 15.

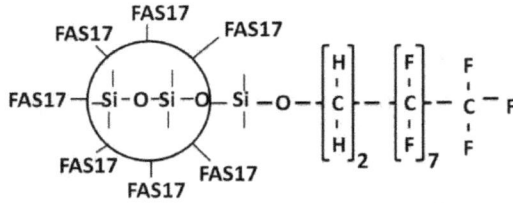

Figure 15 : Représentation moléculaire obtenue lors de la fluorisation du monomère de silice.

3.3. Revêtement à base de nanoparticules de ZnO passivée avec de l'acide stéarique.

Des nanoparticules d'oxyde de zinc (ZnO) synthétisées par SOL-GEL, ont été acquises de MK Impex corp au prix de 0.10 \$/g. Elles ont un diamètre variant de 50 à 100 nm, sont hydrophiles et abordables. L'oxyde de zinc peut être traité avec l'acide stéarique [22] (Figure 16) qui est une longue chaine contenant des carbones et des hydrogènes. Connu sous le nom d'acide octadécanoïque, cet acide est disponible sous forme de solide blanc à température ambiante. L'acide stéarique est un produit disponible à faible prix et entrant facilement en solution dans des solvants comme l'éthanol. En traitant ces particules avec cet acide, les particules passent d'hydrophile à hydrophobe.

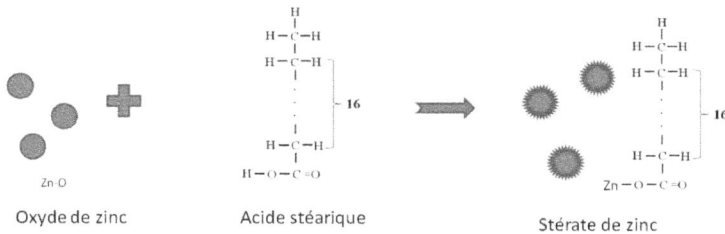

Figure 16 : Mécanisme de réaction de l'oxyde de zinc avec l'acide stéarique.

3.3.1. Solution de silicone

La silicone est utilisée comme agent de liaison dans différents revêtements. La solution initiale étant trop visqueuse, elle a été diluée. La silicone se dilue avec différents solvants comme les diluants commerciaux ou le toluène. Le solvant choisi est le toluène car il propose une composition connue et dilue facilement la silicone grâce à la présence d'un aromatique dans sa molécule.

3.3.2. Revêtement à base de peinture époxy

Afin de gagner en dureté, une peinture époxy commerciale est utilisée. Utilisées dans divers domaine la peinture de type époxy est facile d'application dans diverses techniques.

3.4. Substrats

Les substrats utilisés pour l'application des revêtements sont en aluminium AA6061 T6 ((Al 97,9 %m., Mg 1,0 %m., Si 0,60 %m., Cu 0,28 %m., Cr 0,20%m.) et en silicium (111), monocrystallin. Cet alliage d'aluminium a été choisi, car il est largement utilisé en aéronautique et amplement disponible. L'alliage est utilisé sous forme de plaque mince

29

d'environ 2 mm d'épaisseur en coupon de 2,5 cm*2,5 cm et 2.5cm*5 cm, et sous forme de sphère pleine de diamètre de 2,5 cm à 5 cm. Les substrats d'aluminium ont été utilisés pour les analyses microscopiques, d'analyse rayons X et d'angle de contact. Le silicium a été choisi, car il offrait de résultats précis en spectrométrie à infra rouge car il n'y était pas détectable. Pour d'autres essais, des sphères de céramiques ont été utilisées.

3.5. Nettoyage des substrats

Avant l'application des revêtements par diverses méthodes, les échantillons d'aluminium, de silicium et les sphères ont été nettoyés selon un procédé utilisé au laboratoire CURAL. Les échantillons sont immergés dans un mélange de savon (Dilution 10 % dans l'eau) dans un bain ultrasonique pendant 15 minutes. S'en suit un triple rinçage de 5 minutes chacun, deux fois dans de l'eau de l'aqueduc et une fois dans de l'eau déminéralisée. Les échantillons sont égouttés en leur donnant un angle puis déposés pour plusieurs heures à 70 °C pour évaporer le surplus d'eau dans la microstructure. Les échantillons sont ensuite déposés dans une boîte pour les protéger.

3.6. Techniques d'application

Les solutions obtenues ont été appliquées selon diverses méthodes comme l'enduction centrifuge, le dépôt par gouttes, le dépôt par trempette et l'application par atomisation.

3.6.1. Enduction centrifuge «Spin coating»

L'enduction centrifuge, plus connue sous le nom anglophone de «spin coating» est une technique d'application de recouvrement en déposition de couche mince sur des surfaces planes mises en rotation [37]. Une schématisation du procédé se retrouve en Figure 17.

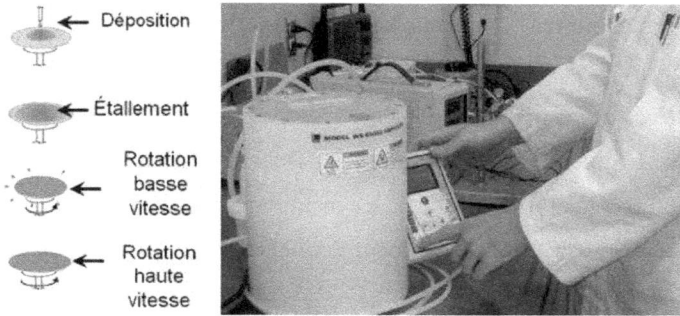

Figure 17 : Système d'enduction centrifuge «Spin Coating». À gauche : le principe est qu'une certaine quantité de revêtement est déposé puis s'étale sur la surface. Une première rotation à basse vitesse permet l'évacuation des surplus pour obtenir une couche mince puis une rotation à haute vitesse permet l'évaporation du solvant. À droite : l'appareil lors de son fonctionnement.

Le procédé s'effectue en quatre étapes : la déposition du revêtement, étalement à la surface, généralement 0,5 à 1,5 ml, une rotation à basse vitesse pour s'assurer d'un film uniforme, 500 à 1000 rpm, puis une rotation à haute vitesse, 2000 rpm, pour l'évaporation du solvant. Il existe plusieurs facteurs pouvant faire varier l'épaisseur du fluide :

- facteurs liés à la machine : vitesse angulaire (plus elle est grande plus l'épaisseur sera fine), accélération (plus elle est grande plus l'épaisseur sera fine), temps de l'opération (plus l'opération est longue, plus la couche est fine)

- facteurs liés au composé quantité déposée (en général 0,5ml), sa concentration dans le solvant, sa masse molaire, sa viscosité, etc.

Le temps normal d'opération proposé par le fabricant est de 15 à 50 secondes, afin de contrôler l'épaisseur et d'avoir une couche uniforme.

Dans le cas des expériences menées, le procédé se faisait en deux étapes de vitesses. Un premier échelon durait 15 secondes à 500 rpm, le deuxième durait 30 secondes à 2000 rpm. Les échantillons étaient placés sur la plaque chauffante à 70 °C pendant 8 h pour permettre de sécher et d'évaporer tout le solvant.

3.6.2. Dépôt en gouttes

Pour des analyses préliminaires, un procédé de dépôt par goutte a été développé. Le procédé est mieux connu sous le nom de «drop coating». Peu cité en littérature, il s'effectue rapidement et demande peu d'équipement. À l'aide d'une pipette environ 0,5 ml sont déposé sur les substrats, les solvants sont laissés à évaporer à l'air libre ou sur la plaque chauffante.

3.6.3. Dépôt par procédé trempette

Le procédé trempette, mieux connue sous le nom de «dip coating», consiste à tremper un substrat dans la solution liquide du revêtement (Figure 18).

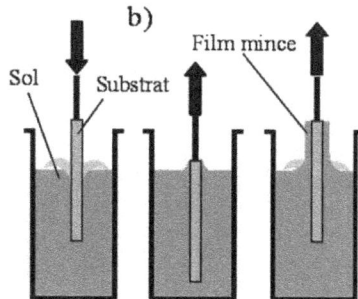

Figure 18 : Procédé trempette ou «dip coating». Un substrat est trempé dans un revêtement liquide puis est retiré de la solution en garde un film mince et uniforme.

Le procédé est utile pour obtenir rapidement un film mince appliqué sur le substrat pour en faire des analyses préliminaires. Dans ce cas-ci les substrats sont séchés avec un angle de 75° pour s'assurer que le revêtement reste uniforme sur les deux côtés

3.6.4. Atomisation

L'atomisation est un procédé de génération de goutte de fluide en forme sphérique pour l'application de revêtements ou de peintures. Le LIMA possède un atomiseur à peinture équipé de différentes buses (Figure 19). Le pistolet est alimenté par gravité et permet de recevoir des pressions d'air de 40 psi à 80 psi.

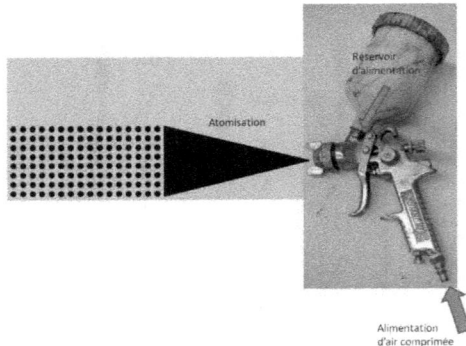

Figure 19 : Atomiseur à peinture à alimentation par gravité. Un réservoir alimente le système par gravité puis un conduit d'air comprimé crée une pression permettant l'atomisation du revêtement.

Cette technique est beaucoup utilisée en industrie pour l'application de couches minces uniformes. Le procédé d'application de revêtement par atomisation a été utilisé pour appliquer le revêtement en grande échelle.

L'atomisation des sphères d'aluminium s'effectue selon la même technique, mais se fait dans un support spécialement conçu (Figure 20).

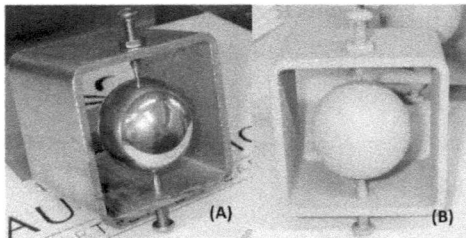

Figure 20 : Support utilisé pour enduire les surfaces superhydrophobes en minces couches uniformes (A) avant application et (B) avec le revêtement.

3.7. Caractérisation des superhydrophobes

Plusieurs techniques de caractérisation des surfaces ont été utilisées : microscopie, analyses topographiques, analyses des liaisons chimiques et analyses du comportement de surface.

3.7.1. Microscope électronique à balayage (MEB SEM)

La microscopie électronique à balayage (MEB) est une technique utilisant l'interaction électron-matière, pouvant fournir des images de haute résolution à la surface d'échantillons. Le CURAL possède un MEB JEOL (JSM 6480LV). Cet outil est utilisé pour l'analyse de la topographie et la géométrie des surfaces. Ce dernier est aussi équipé d'un dispersiomètre d'énergie des rayons X (EDX) permettant une analyse sommaire des substrats quant à leur composition élémentaire.

Pour des analyses de meilleures résolutions, diverses images ont été prises en utilisant un appareil disponible au Centre des technologies de l'aluminium (CTA). Le microscope électronique à effet de champs (FESEM) de marque Hitachi SU-70 permet une résolution allant jusqu'à 1,3 nm.

3.7.2. Profilométrie

La profilométrie est une technique d'analyse sans contact de la topographie de surface. Elle donne un résultat de rugosité R_a qui est la moyenne arithmétique des déviations du profil. Elle permet d'obtenir un profil trois dimensions de la surface à l'aide de capteur laser. Ces images font ressortir plusieurs caractéristiques sans abimer la surface. On retrouve un profilomètre («Surface mapping microscope») équipé de MAPVUE au

CURAL. Cinq valeurs à des endroits aléatoires sur un même substrat ont été prises. La valeur utilisée est la moyenne des ces cinq valeurs de même que leur déviation.

3.7.3. Angles de contact (CA)

L'angle de contact de l'eau à la surface permet de déterminer si elle est hydrophile, hydrophobe ou encore superhydrophobe. L'appareil utilisé au LIMA est de marque VCA optima [38] et fonctionne avec le logiciel VCA version 1.71. Cet appareil est spécialement conçu pour mesurer l'angle de contact sur une surface plane. Des gouttes de 5 µL ont été utilisées. Cinq valeurs aléatoires sur une même surface ont permis d'obtenir une valeur moyenne et une déviation.

3.7.4. Analyses chimiques des surfaces

Trois appareils ont été utilisés pour déterminer des liaisons chimiques en surface : un spectromètre infra rouge à transformée de fourrier (FTIR), un microscope à diffraction des rayons X (XRD) et la dispersion de rayons X (EDX).

Spectroscopie à infrarouge (FTIR) : Le spectromètre infra rouge à transformée de fourrier (FTIR), est un appareil permettant entre autre de déterminer, par absorbance de rayons infra rouge, la composition du revêtement sur un substrat. Le spectre obtenu montre l'absorption moléculaire du substrat. L'appareil est très utile pour confirmer la présence des molécules et des atomes sur les surfaces. Une pièce de silicium est utilisée comme pièce de fond pour la soustraire avant l'acquisition de données. Le spectromètre utilisé est de marque Spectrum One et est disponible au département de chimie de l'UQAC.

Diffractomètre à rayons X (XRD) : Le microscope à diffraction des rayons X (XRD) est un appareil d'analyse physico-chimique de la matière en se basant sur la diffractométrie des rayons X. L'appareil permet d'observer les matériaux cristallins comme les métaux, les céramiques ou minéraux. Par contre il possède une certaine limitation pour les matériaux amorphes comme le verre ou les polymères. L'appareil utilisé est de marque «Bruker D8 discover system» et se retrouve au laboratoire du CURAL.

3.7.5. Analyse de l'adhérence du revêtement

L'analyse de la résistance, de l'adhérence du revêtement a été conduite en utilisant un «Cross-hatch Cutter». Cet instrument est normé selon ASTM sous la désignation D 3359 [39]. Une lame à 10 dents spécialement conçue permet de couper la surface en effectuant deux passages à 90°une forme en croix, créant ainsi un quadrillage. La surface est ensuite nettoyée avec l'outil fournie. Un ruban adhésif normé ASTM est alors appliqué à la surface et retiré selon un angle de 90° avec la surface. En plaçant le ruban dur une surface contrastante, il est possible d'évaluer comment le revêtement est arraché de la surface. Dans le Tableau 1 ci-dessous, on retrouve la classification proposée par la norme D 3359.

Tableau 1 : Norme ASTM d'adhérence de revêtement à des solides. Cette norme classifie l'adhérence des revêtements selon des cotes : 0B la pire et 5B la meilleure.

Classification	% of Area Removed	Surface of Cross-cut Area From Which Flaking has Occured for 6 Parrallel Cuts & Adhesion range by %
5B	0% None	
4B	Less than 5%	
3B	5 - 15%	
2B	15 - 35%	
1B	35 - 65%	
0B	Greater than 65%	

La classification est faite selon six groupes. 5B est la cote donnée pour une surface où aucune partie n'est arrachée par décollement de l'adhésif. La cote 4B est donnée, quand moins de 5 % de la surface est arrachée, 3B pour un arrachement de 5 à 15 %, 2B pour 15 à 35 %, 1B de 35 à 65 % et finalement 0B quand l'arrachement atteint plus de 65 %. L'analyse peut varier d'un utilisateur à un autre, mais l'observation avec les outils appropriés, comme une loupe et un bon éclairage permettent une meilleure compréhension de l'adhérence du revêtement.

3.7.6. Analyse de la réduction de la trainée

Selon Mchale et al. [33] il est possible de voir des changements de vitesse entre une sphère sans et avec revêtement superhydrophobe. Afin de reproduire l'essai, une colonne de verre de 22 cm de diamètre et 170 cm de haut, remplie d'eau à température pièce, dans laquelle les sphères avec et sans revêtements sont lancées en chute libre, est utilisée. Après une chute de 70 cm, leur vitesse terminale est mesurée à l'aide d'une caméra haute vitesse captant 300 images par seconde sur une distance de 0.18 m. (Voir Figure 21). La vitesse moyenne mesurée se calcule selon $U_{Sphère} = dx/dt$ où dx est la distance parcourue (0.18 m) et dt le temps déterminé avec la caméra haute vitesse. Les temps ont été déterminés à partir des photos de la Figure 22.

1

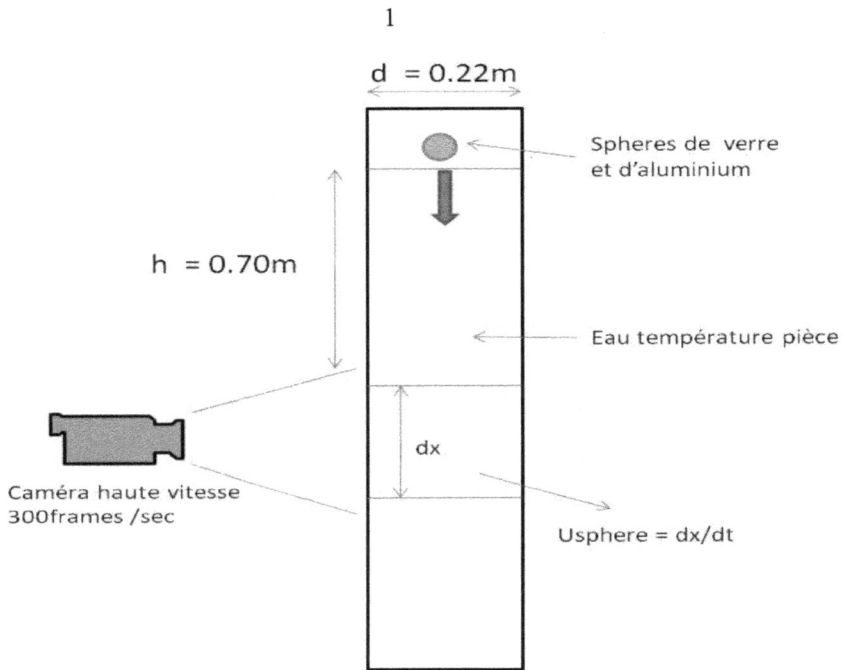

d = 0.22m

Spheres de verre
et d'aluminium

h = 0.70m

Eau température pièce

Caméra haute vitesse
300frames /sec

dx

Usphere = dx/dt

Figure 21 : Montage expérimental pour la mesure des vitesses terminales. La bille chute dans l'eau et augmente en vitesse. Plus bas une caméra haute-vitesse permet l'acquisition des temps de passages. Ces temps permettent de calculer ensuite la vitesse terminale.

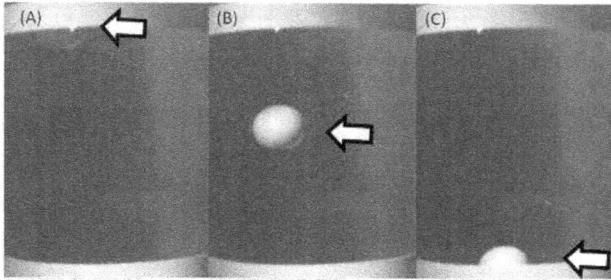

Figure 22 : Mesure des temps lors des chutes (A) temps initial, lorsqu'une demi-sphère est passée (B) lors de la chute et (C) temps final, lorsqu'une demi-sphère est disparue. Les flèches indiquent la position du centre des sphères.

La figure (A) montre l'endroit où est noté le temps initial pour le calcul de la vitesse terminale. Le centre de la sphère se trouve vis-à-vis de la ligne verte. La figure (B) montre la sphère lors de sa chute. La figure (C) montre la sphère lorsque le temps final est noté.

Le seul revêtement utilisé pour les essais est celui fait à base d'oxyde de zinc vu sa résistance à l'abrasion. Les sphères utilisées sont recouvertes de revêtement superhydrophobe à basse de ZnO. Le premier type de sphères utilisées est d'aluminium plein 6061 T6. Sans revêtement elles pèsent 78 g. Lorsque recouverte d'un mince film uniforme leur masse augmente d'environ 0,25 g (environ 0,03 %m.). Chaque essai effectué est la moyenne de la vitesse de trois sphères recouvertes versus six d'aluminium telles que reçues. Entre chaque expérimentation les billes sont séchées dans un disécateur pendant au moins 24 heures. Ensuite d'autres essais ont été menés utilisant des sphères de verre de diamètre 1 cm pour des fins de validation. Le revêtement solide à base d'oxyde de zinc fut comparé à des sphères sans revêtement, mais aussi à des sphères recouvertes d'oxyde de zinc déposé par bain chimique et passivé à l'acide stéarique. Cet essai a été réalisé dix fois en comparant dix sphères sans revêtement, dix autres avec le revêtement déposé par atomisation et enfin dix enduites par bain chimique.

CHAPITRE 4

Revêtement nanostructuré superhydrophobe à base de nanoparticules de silice fonctionnalisées

Ce chapitre présente les résultats obtenus lors de la synthèse d'un revêtement nanostructuré superhydrophobe à partir de silice fluorée.

4.1. Introduction

Un premier revêtement superhydrophobe a été développé à partir de nanoparticules de silice fonctionnalisées avec du fluoroalkylsilane (FAS-17). Ce revêtement est appliqué sur des substrats d'aluminium et de silicium par le procédé d'enduction centrifuge. Des analyses spectroscopiques ont permis de déterminer et confirmer la nature chimique des produits obtenus. Des analyses microscopiques ont également confirmé la topographie micro et nano structurée et la forme des nanoparticules. Plusieurs études ont été menées pour comprendre comment l'angle de contact peut varier en faisant changer des paramètres. Ces quatre facteurs sont le nombre de couches, la concentration des réactifs, l'augmentation des diamètres des particules et finalement la variation de la rugosité de surface. Pour finir un modèle propose aussi une analogie avec le modèle de Cassie et Baxter.

4.2. Confirmation de la déposition.

Avant la fonctionnalisation des particules de silice par le FAS-17, des études préliminaires ont été menées. À la Figure 23, une image microscopique obtenue par microscopie électronique à balayage des nanoparticules apparaissent.

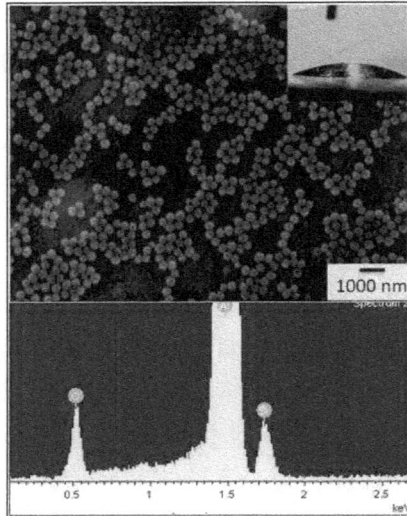

Figure 23 : Analyse par microscopie électronique à balayage sur des nanoparticules de silice (~300 nm) sur une surface d'aluminium. Dans le coin supérieur droit un angle de contact sur la surface montrant un mouillage presque parfait et dans le bas un analyse par dispersion des rayons X montrant la présence d'oxygène, d'aluminium et de silicium.

Les premières observations confirment la forme sphérique avec un diamètre de d'environ 300 nm. Dans ce cas-ci, comme il n'y avait pas de passivation des particules, la surface était hydrophile, comme le démontre l'angle de contact (CA) de l'eau inférieur à 90 degrés au coin supérieur droit. Finalement, une analyse par énergie de dispersion des rayons X dans le bas de la figure confirme que les particules sont composées de silicium et d'oxygène, la silice, avec des pics présents respectivement à 1.75 keV et 0.5 keV, déposés sur un substrat d'aluminium avec un large pic à environ 1.5 keV. En deuxième essai, les particules ont été traitées avec une solution de fluoroalkylsilane. Plusieurs couches ont été déposées sur le substrat

44

d'aluminium par enduction centrifuge. La Figure 24 présente la topographie obtenue.

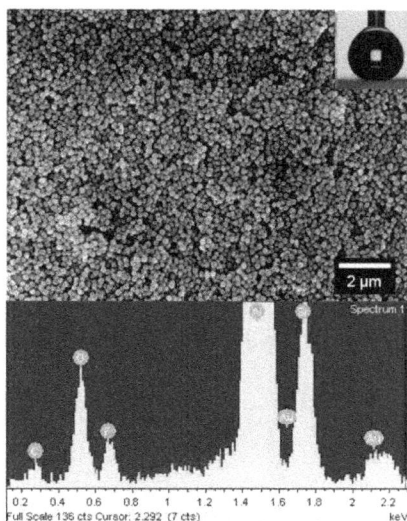

Figure 24 : Nanoparticules de silice fluorées (diamètre ~175 nm) en plusieurs couches sur substrat d'aluminium. Au coin supérieur droit on y retrouve un angle de contact de ~165° démontrant une surface superhydrophobe et dans le bas un spectre d'énergie de dispersion des rayons X montrant en outre la présence de silice et d'aluminium, mais aussi de carbone et de fluor. La présence d'or (Au) est le produit de la déposition de plasma pour l'analyse.

La figure montre que lorsque déposées par enduction centrifuge sur une surface d'aluminium, il est possible d'obtenir un arrangement topographique aléatoire formant des microrugosités ainsi que des nanorugosités. Les nano rugosités sont occasionnées par les nanoparticules.

Les microrugosités sont en fait le fruit d'un empilement en monticules des particules, formant ainsi des ondulations variées. Cet arrangement topographique distinct favorise largement l'emprisonnement d'air dans la topographie, encourageant fortement l'état de superhydrophobicité, comme le montre l'angle de contact de l'eau de 165°, dans le coin supérieur droit. Dans la partie inférieure de la figure, un spectre d'énergie de dispersion des rayons X montre le silicium et l'oxygène, avec des pics présents respectivement à 1,75 keV et 0,5 keV, déposés sur un substrat d'aluminium avec un large pic à environ 1,5 keV. En addition à ces pics, deux autres, à 0,3 keV et 0,7 keV confirment la fonctionnalisation des particules avec les éléments carbone et fluor, tous deux présents dans les molécules de FAS-17. À noter que le pic pour l'hydrogène n'est pas détectable avec ce type d'appareil.

4.3. Analyse chimique des particules

Les analyses FTIR ont été menées sur des films minces déposés sur des substrats du silicium (111) pour comprendre les liens intermoléculaires dans les nanoparticules de silice fluorées et non fluorées. Les courbes (A) et (B) de la Figure 25 montrent respectivement les spectres des nanoparticules de silice et des nanoparticules de silice fluorées.

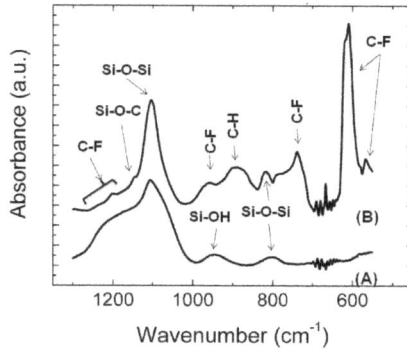

Figure 25 : Spectres FTIR (absorbance vs nombre d'ondes) des minces couches préparées avec (A) des particules de silice, avec ses trois pics significatifs, et (B) des particules de silices fluorées, avec l'addition de nombreux pics confirmant les liaisons chimiques.

Le spectre obtenu en (A) montre seulement trois pics significatifs. Le plus gros pic à 1100 cm^{-1} avec l'épaulement asymétrique s'étendant jusqu'à 1250 cm^{-1} est dû à un étirement en vibration asymétrique de Si-O-Si [40-43]. Un autre pic, plus petit cette fois-ci, apparait à environ 800 cm^{-1}, est associé à un mode de flexion de Si–O–Si. Un faible pic d'absorption, à comparer à celui de Si-O-Si à 1100 cm^{-1}, est visible à 950 cm^{-1} à cause de la présence de Si-OH, survenant normalement à la surface de la silice obtenue chimiquement et tel que présenté dans le Chapitre 3 [44].

Le spectre de la couche mince présenté sur la Figure 25 (B) révèle plusieurs nouveaux pics en comparaison au spectre (A) démontrant qu'il y a eu réaction chimique entre la nanoparticule et le fluor. Deux nouveaux petits pics surimposés entre 1130 cm^{-1} et 1250 cm^{-1} sur l'épaulement de gauche de Si-O-Si à 1100 cm^{-1} sont dus à la vibration de C-F anticipée de la fluorisation des particules de silice par le FAS-17 [45-47]. L'existence

47

de liens C-F dans la forme de CF, CF_2 or CF_3 sont aussi présentes 575, 610, 730, 960 cm^{-1} [46]. Un pic à 900 cm^{-1} est assigné à un lien C-H aussi présent dans la molécule de FAS-17 [41, 48]. Un autre pic approximativement à 1145 cm^{-1} est dû à une liaison Si-O-C, prouvant ainsi une liaison entre le FAS et la silice [48] tel que montré dans la Figure 15. La présence de ces nombreux pics additionnels apparaissant lors de la fonctionnalisation des particules de silice confirme la liaison chimique entre les particules et les molécules de silane. Par cette analyse il a été prouvé que les nanoparticules de silice ont été fonctionnalisées par le FAS-17

4.4. Variation de l'angle de contact en fonction du nombre de couches

La variation du nombre de couches enduites par centrifugation versus l'angle de contact est montrée sur la Figure 26.

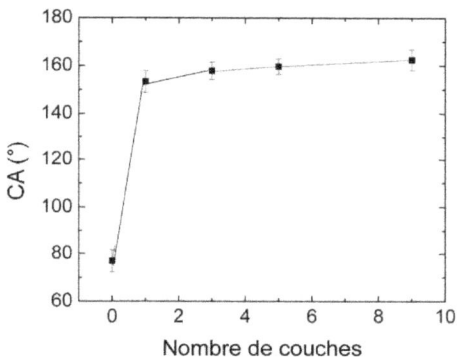

Figure 26 : Variation de l'angle de contact en fonction du nombre de couches de revêtement superhydrophobe à base de nanoparticules de silice fluorées par enduction centrifuge. Le substrat est hydrophile avant la déposition, (CA ~ 77 °) et devient superhydrophobe (CA > 150 °) avec l'ajout de couches.

En conservant une solution à quantité constante de réactif, cette dernière est appliquée en plusieurs couches sur des substrats d'aluminium. La solution de silice fluorée a été appliquée en une, trois, cinq et neuf couches. L'angle de contact a été mesuré sur ces quatre échantillons en plus d'un substrat d'aluminium sans revêtement. L'angle de contact de l'eau a été mesuré avec un volume constant de 5 µL en cinq points aléatoires sur les surfaces. Sur la surface d'aluminium, celui-ci fait référence à zéro couche, l'angle de contact mesuré est de 77 ± 5°. En ajoutant seulement une fine couche à la surface, l'angle augmente en moyenne à 153 ± 5°. La valeur moyenne de l'angle de contact montre une surface bel et bien superhydrophobe, toutefois quelques mesures sont sous la barre du 150°. En augmentant le nombre de couches à trois, les angles mesurés donnent une valeur moyenne de 158 ± 4°. Ces valeurs sont toutes comprises en haut de 150° montrant une surface totalement superhydrophobe. En augmentant la valeur à cinq et neuf couches, les angles de contact augmentent légèrement plus atteignant des valeurs respectives de 160 ± 3° et 163 ± 4°. La valeur de trois couches sera donc conservée pour l'ensemble des essais afin de s'assurer que toute la surface soit bien recouverte des nanoparticules coupant ainsi le lien de forte énergie proposée par la surface d'aluminium. Sarkar et coll. [49] ont fait des études similaires avec l'enduction centrifuge en plusieurs couches de nanoparticules d'oxyde de titane et on obtenue une surface régulière après trois couches.

4.5. Variation de l'angle de contact en fonction de la concentration de FAS-17

La concentration de fluoroalkylsilane dans la solution provoque aussi des effets sur l'angle de contact tel que montré sur la Figure 27.

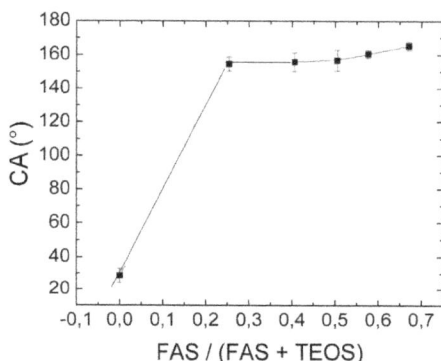

Figure 27 : Variation de l'angle de contact en fonction de la concentration volumique croissante du FAS-17 par rapport à la quantité de TEOS sur des nanoparticules de silice. Initialement les nanoparticules sont hydrophiles puis devienne superhydrophobes avec l'ajout de FAS-17

Pour chaque analyse, trois couches de nanoparticules d'environ 300 nm sont appliquées sur des substrats d'aluminium. Seule la quantité de fluoroalkylsilane est variée. L'angle de contact est mesuré à cinq endroits aléatoires sur la surface. Sans la moindre quantité de FAS, la surface recouverte de nanoparticules de silice montre une surface superhydrophile. L'angle contact moyen est de 29 ± 5°. L'angle est tel car il y a forte présence de liaisons OH à la surface, proposant une forte énergie de surface et donc une liaison forte avec l'eau. En ajoutant qu'une faible quantité de fluoroalkylsilane, la surface atteint rapidement la superhydrophobicité. À un ratio volumique de (FAS/ FAS+TEOS) de 0,25, l'angle de contact est de 155 ± 4°. Il était difficile d'ajouter moins de fluoroalkylsilane, étant déjà au-dessous des capacités des instruments disponibles. La valeur augmentée à des ratios de 0,40 à 0,67 change l'angle de contact à des valeurs de 156 ± 6° à 165 ± 3°. L'angle augmente, car le ratio de liaisons OH libres diminue en fonction du nombre de molécules de fluoroalkylsilane qui augmentent. L'analyse a permis de déterminer qu'à un ratio volumique de 0,25 soit à un ratio molaire FAS-17/TEOS d'environ 0,07, la superhydrophobicité est atteinte de façon constante. Cette étude démontre que le fluoroalkylsilane recouvre entièrement les particules. Il a été prouvé mathématiquement que sur une particule de silice de 300 nm, la densité de fluoroalkylsilane par centimètre carré est de $4,0 \times 10^{15}$ molécules/cm^2. Cette haute densité de molécule par cm^2 prouve donc qu'il y a une couche continue en surface. (Voir Annexe A)

4.6. Variation du diamètre des nanoparticules de silice fluorées.

Dans le but d'approfondir l'analyse du revêtement et ainsi l'optimiser, des essais ont été réalisés en faisant varier le diamètre des particules. La synthèse des particules s'est effectuée en gardant un ratio molaire de FAS-17/TEOS constant à 0.07 et en variant la concentration de NH$_4$OH. En variant cette concentration, il est possible de faire augmenter le diamètre des particules (Figure 28).

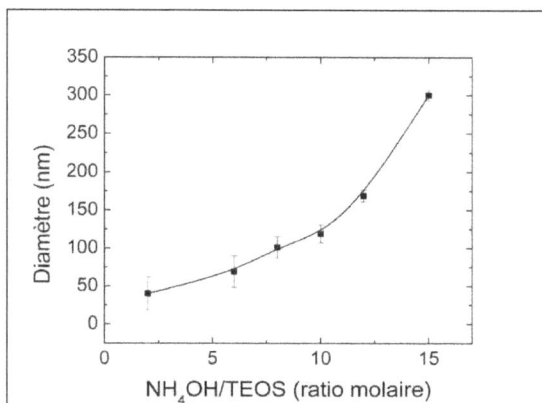

Figure 28 : Diamètres variant en fonction de la concentration molaire de NH₄OH. L'ajout de catalyseur basique fait augmenter exponentiellement le diamètre des nanoparticules. Les essais se sont concentrés sur des particules de 40 à 300 nm.

La tendance obtenue montre bien qu'en augmentant la concentration du catalyseur basique, que le diamètre des particules augmente. À un ratio molaire (NH₄OH/TEOS) de 2, le diamètre des particules est de 40 ± 22 nm. En augmentant le ratio à 6, le diamètre moyen est de 69 ± 21 nm. À une proportion de 8, le diamètre moyen prend une valeur de 101 ± 14 nm. Pour de plus grands ratios, soient de 10 et 12, les diamètres moyens augmentent respectivement à 119 ± 12 nm et 169 ± 8 nm. En augmentant la concentration de base à un ratio de 15, il est possible d'atteindre un diamètre moyen de 300 ± 7 nm. Plusieurs études et articles ont proposé la synthèse des nanoparticules de silice selon le même procédé. Parmi eux, Nozawa et coll. [47] ont obtenu des particules de 110 ± 20 nm en utilisant un ratio molaire NH₄OH/TEOS de 10 soit une différence de moins de 10 % avec les résultats obtenus.

4.6.1. Analyse microscopique

Une première analyse au microscope électronique à balayage a permis de faire ressortir les cinq images se retrouvant sur la Figure 29.

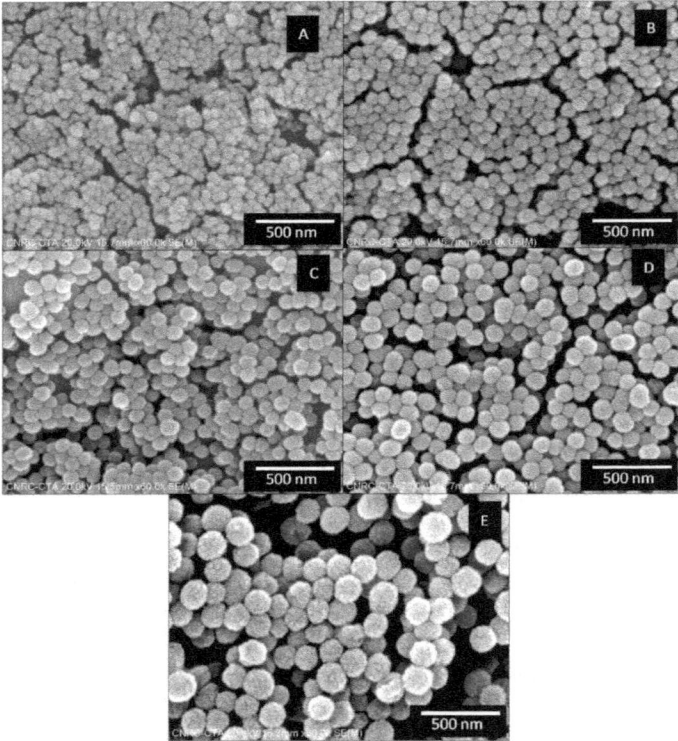

Figure 29 : Images MEB de nanoparticules de silice fluorées aux diamètres variés déposées par enduction centrifuge sur l'aluminium. (A) 40 ± 22 nm (B) 69 ± 21 nm, (C) 101 ± 14 nm, (D) 119 ± 12 nm et (E) 169 ± 8 nm.

Ce sont ces images qui ont permis de déterminer les valeurs de diamètres moyens à l'aide du logiciel du microscope électronique à balayage. La figure

(A) montre des particules de 40 ± 22 nm. Déjà, à ce petit diamètre, un certain arrangement est présent. En (B) des particules au diamètre moyen de 69 ± 21 nm, en (C) elles ont un diamètre de 101 ± 14 nm, et (D) 119 ± 12 nm. Nozawa et coll. [47] ont obtenu des particules de 110 ± 20 nm en utilisant le procédé Stöber avec un ratio molaire de 10; enfin dans notre étude les particules obtenues avec ce même ratio sont 10 nm plus grandes (119 ± 12 nm) en moyenne. Le fait que les particules soient plus larges est explicable par la mince couche de revêtement fluoré. Montrant une certaine continuité dans la recherche effectuée. Sur la figure (E), le diamètre atteint est de 169 ± 8 nm. L'analyse à plus gros grossissement montre différents détails intéressants (Figure 30).

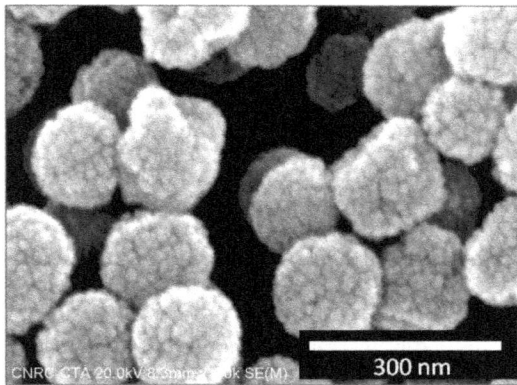

Figure 30 : Nanoparticules de diamètre de 169 nm ± 8. Ces nanoparticules montrent clairement l'arrangement en empilement. De plus, les nanoparticules montrent une surface irrégulière faisant penser à des regroupements de plus petites particules.

La forme nanoparticules montre une surface rugueuse et non continue. Cet effet est donné par l'agrégation de paquets de molécules de monomères les unes avec les autres. Cette image permet aussi de voir qu'il y a un empilement aléatoire des nanoparticules en plusieurs couches.

4.6.2. Variation de l'angle de contact de l'eau

Les mesures d'angle de contact l'eau sur les surfaces enduites de nanoparticules traitées ont permis de ressortir la tendance présentée à la Figure 31.

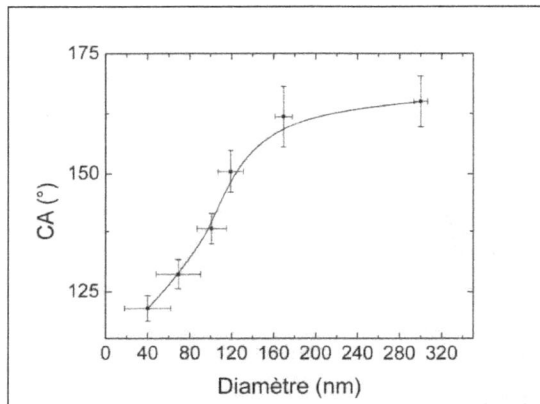

Figure 31 : Variation de l'angle de contact en fonction du diamètre des particules sur des surfaces d'aluminium enduites par trois couches minces. À plus petit diamètre, les nanoparticules donnent un CA plus bas qu'à haut diamètre.

Le diamètre des particules a un certain effet sur la superhydrophobicité des surfaces. À de petits diamètres soient 40 ± 22 nm et 69 ± 21 nm, les angles atteignent des valeurs respectives de $122 \pm 3°$ et $129 \pm 3°$. À ces diamètres, les angles sont approximativement égaux à l'angle sur une surface simplement recouverte de FAS-17, soit environ $115°$. En grossissant des particules à un diamètre moyen de 101 ± 14 nm, l'angle augmente 138 ± 3°. L'angle atteint une moyenne de 151 ± 4° en angle de contact lorsque le diamètre est de 119 ± 12 nm. À cette valeur, la surface est considérée superhydrophobe. En augmentant le diamètre à 169 ± 8 nm, l'angle atteint un plateau à 162 ± 6°. L'angle n'augmente plus significativement lorsque le diamètre moyen des particules atteint 300 ± 7 nm, la moyenne donne 165 ± 5°. La grosseur critique pour obtenir la superhydrophobicité est donc d'environ 120 nm. Divers auteurs ont aussi proposé des études et publications semblables. Yang et coll. montrent une tendance similaire en faisant l'angle de contact sur une surface enduite de nanoparticules de silice qui sont fonctionnalisées avec du methyltriethoxysilane [50]. Ils ont obtenu des angles de contact avec l'eau de 135° avec des particules de 30-50 nm. Dans leur étude, la grosseur critique de particules est de 200 nm pour l'obtention de la superhydrophobicité. Toutefois, ils indiquent qu'augmenter le diamètre jusqu'à 300 nm ne change pas significativement la valeur de l'angle de contact. Cao et coll. ont reporté le comportement de l'angle de contact de l'eau sur des couches minces de polymère préparées à partir de particules modifiées par un organosilane de diamètres variés. (20 nm, 50 nm, 100 nm, 1 μm, 10 μm, et 20 μm) [45]. Ils ont indiqué dans leur publication que l'angle de contact était plus de 150° sur des films contenant des particules de 20 nm. En augmentant les diamètres à 50 et 100 nm, l'angle de contact monte à ~158° dans les deux cas. Toutefois, ces auteurs n'ont pas montré d'images représentant la grosseur de leurs particules après traitement par l'organosilane. La grosseur de leurs particules devrait être beaucoup plus grande si la surface permet de si grands angles de contact de l'eau. Mais pour les observations d'augmentation de l'angle en fonction du grossissement des particules fonctionnalisées est consistant en se comparant à Yang et coll. et Cao et coll. L'augmentation de l'angle de contact peut donc être attribuée à l'augmentation de la grosseur des particules qui elle, fait augmenter l'air emprisonné dans la topographie réduisant le contact avec la surface solide, tel que stipulé par Carré et coll. [51].

4.6.3. Variation des rugosités

Avec les particules de différents diamètres, des mesures de rugosités ont été effectuées et les résultats sont présentés à la Figure 32.

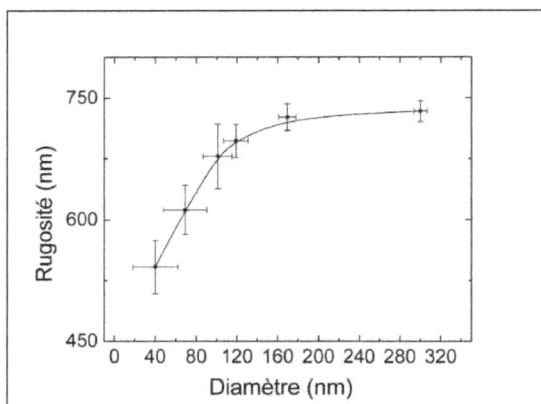

Figure 32 : Variation de la rugosité (Ra) en fonction du diamètre des particules de silice fluorées enduites sur des surfaces d'aluminium en trois couches. Plus les particules est grosse plus les rugosités sont élevées.

La tendance obtenue est similaire à celle obtenue en mesurant l'angle de contact. À des diamètres de 40 ± 22 nm, la valeur de rugosité est 542 ± 33 nm et est semblable à celle sur l'aluminium qui est de 535 ± 20 nm. En changeant le diamètre à 69 ± 21 nm, la rugosité augmente à 612 nm ± 30.

En augmentant, le diamètre du même taux soit à 101 ± 14 nm, la rugosité augmente de façon constante en atteignant la valeur de 678 ± 39 nm. La pente diminue légèrement lorsque le diamètre moyen des particules est de 119 ± 12 nm en changeant la rugosité à 697 ± 20 nm. Augmenter plus le diamètre moyen, soit à 169 ± 8 nm, n'augmente pas beaucoup la rugosité, lui donnant une valeur de 726 ± 17 nm, ni lorsque les particules ont un diamètre de 300 ± 7 nm lui donnant une valeur de rugosité de 733 ± 13 nm.

Le profil de la surface est donné par la valeur de rugosité (Ra) qui est en fait la moyenne arithmétique des valeurs absolues des écarts, entre les pics et les creux. "Ra" mesure la distance entre cette moyenne et la "ligne centrale". Les surfaces obtenues montrent que plus le diamètre des particules est grand plus cette valeur est augmentée. Toutefois l'effet d'augmentation s'estompe, car il y a un arrangement différent des particules, les creux se bouchant beaucoup plus facilement.

Cho et al [52] montrent que la rugosité de surface d'un film préparé avec des nanoparticules sphériques augmente linéairement tel que montré dans la partie inférieure de la courbe présentée en Figure 32. Rawal et coll. [53] montrent aussi que l'angle de contact augmente selon que les rugosités augmentent. Toutes ces recherches montrent un résultat cohérent avec ceux obtenus expérimentalement.

4.6.4. Modèle

Un modèle a été schématisé à la Figure 33 (A), pour expliquer l'augmentation de la rugosité sur les surfaces, lorsque le diamètre des particules est augmenté. La Figure 33 (A) montre une représentation schématique d'une déposition en une dimension de particules sphériques sur une surface plane. Pour ce modèle, une particule est considérée comme un cercle parfait. La surface hachurée entre les cercles est responsable de l'augmentation de la rugosité. Le haut de cette même figure montre un grossissement de ces particules. Une ligne horizontale tangente aux deux cercles, montre où les rugosités sont générées. En considérant la surface complète, il est possible de calculer la rugosité. Plusieurs lignes verticales ont été dessinées pour les calculs. La plus grande égale au rayon du cercle (R) et varie jusqu'à 0. Pour chaque grosseur de particules, une variation de 1 nm entre chaque étape a été utilisée. En obtenant chaque valeur allant de R, R-1, R-2, ..., 0 et en utilisant leur valeur moyenne $\bar{R}$, qui est dans ce cas-ci R/2, et en prenant l'équation 5 montrant une analyse statistique de la rugosité, les fluctuations dans la valeur moyenne dans rugosité a été déterminé. Cette valeur calculée équivaut à la valeur de la rugosité.

Équation 5

$$rms = \sqrt{\frac{1}{n}\sum_{i=1}^{n}[\bar{R} - R_i]}$$

Par cette équation la valeur de rugosité a été déterminée pour chaque valeur de diamètres étudiés. La Figure 33 (B) montre une relation linéaire obtenue entre le diamètre et la rugosité. Les valeurs obtenues sont beaucoup plus petites (dans l'ordre de 10 nm à 45 nm) que celles mesurées optiquement (Figure 32). La Figure 33 (C) montre un modèle de déposition beaucoup plus réaliste composée de plusieurs agrégations de particules et de formation en crevasses et fissures. Ce modèle est comparable aux images de la Figure 29.

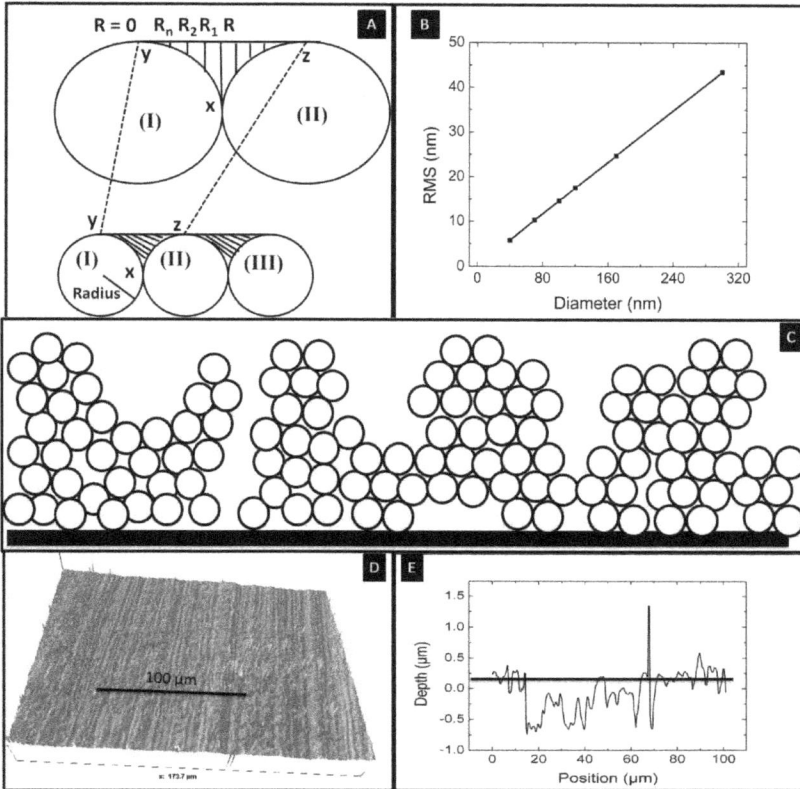

Figure 33 : **(A) Modèle schématique en une dimension d'une sphère parfaite sur une surface plane. La partie hachurée entre les particules est responsable de l'emprisonnement de l'air aussi bien que de la rugosité. Dans la partie supérieure de (A) une reproduction en plus grande des particules (I) et (II) montrant des mesures R. (B) Graphique de la rugosité calculée en fonction des diamètres. (C) une représentation plus réelle de la déposition des particules. (D) Image 3D d'un profil obtenu optiquement et (E) Section transverse 1D de l'image (D).**

61

Dans la dernière partie, de l'emphase a été mise sur une surface composée de cercles adjacents en déposition parfaite. Il est aussi observable que la quantité d'air emprisonné augmente aussi avec le grossissement de la particule. En accord avec Cassie-Baxter, pour une surface composite entre du solide et de l'air : $\cos(\theta') = f_1\cos(\theta_1) + f_2\cos(\theta_2)$, où f_1 et f_2 sont respectivement la fraction de solide et la fraction d'air, similairement θ_1 et θ_2 sont respectivement, les angles de contact de l'eau avec le solide et l'aire. En assumant que $f_1 = 1 - f_2$, et que θ_2 est 180° dans l'air, cette équation peut se réécrire comme $\cos(\theta') = (1 - f_2)\cos(\theta_1) - f_2$. Selon cette équation, il est évident que plus la fraction d'air est grande (f_2), plus grand sera l'angle de contact. En se fiant aux résultats obtenus expérimentalement, les couches minces avec de grosses particules donnent de plus grands emprisonnements d'air (f_2), et donc une augmentation dans la rugosité et dans l'angle de contact. Des observations similaires ont été faites par Synytska et coll. sur des particules mises en solution puis déposées en fines couches [54]. Les valeurs obtenues en profilométrie ont été utilisées pour déterminer la fraction solide pour expliquer expérimentalement l'angle de contact. La Figure 33 (D) montre une représentation, trois dimensions, du mince film obtenu par profilométrie optique. Ce film a été obtenu par l'application de trois couches de nanoparticules de 119 ± 12 nm. Malheureusement, la qualité est moindre qu'en microscopie électronique à cause de la source de la lumière. La Figure 33 (E) montre une section transversale une dimension de la ligne de 100 µm montrée en (D). La ligne sur la figure (E) montre la position approximative de la goutte d'eau sur la surface. La fraction de solide touchée par la goutte (f_1 dans Cassie-Baxter) à été mesurée par ordinateur. Dix valeurs ont permis de déterminer la valeur de 0.18 ± 0.05. Ce f_1 avec le

θ_1 qui est considéré comme étant 108° pour une surface plane recouverte de FAS-17 [55] a été mis en équation dans le modèle de Cassie pour déterminer l'angle de contact. L'angle calculé est 151 ± 8°, lequel correspond directement à la valeur mesurée par angle de contact pour des films préparés avec des particules de 119 nm ± 12.

4.7.   Mesure de l'épaisseur du revêtement

Pour des fins de validations, un substrat de silicium a été recouvert de nanoparticules de 119 ± 12 nm en trois minces couches. Le substrat de silicium a été coupé au milieu pour montrer la déposition au centre. Le support montré en **Figure 34** aide à tenir l'échantillon de silicium sur le côté pour montrer l'épaisseur du revêtement déposé.

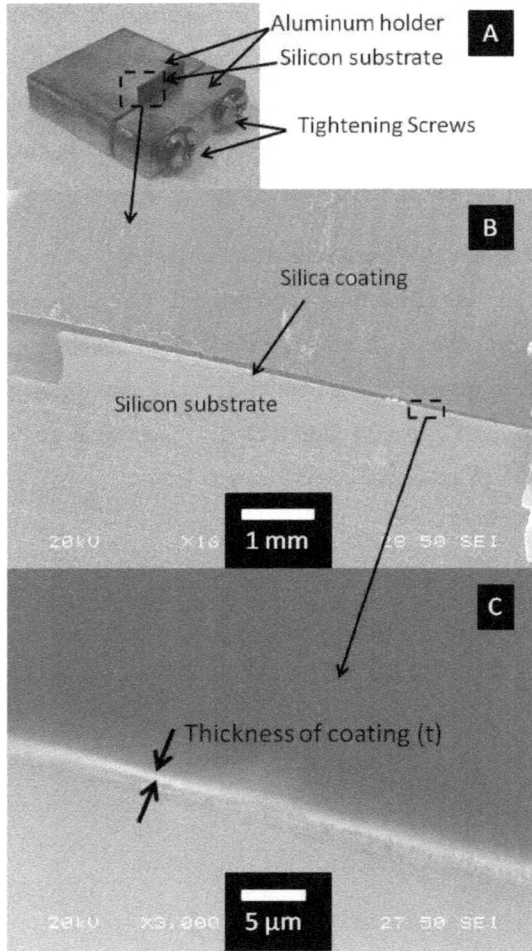

Figure 34 : Mesure de l'épaisseur du revêtement sur une surface de silicium sur laquelle est enduite trois couches de nanoparticules fluorée (A) Support d'échantillon (B & C) grossissement du substrat montrant l'épaisseur (t) telle que mesurée par microscopie électronique à balayage.

Les grossissements montrés en **Figure 34** (B & C) ont permis de mesurer l'épaisseur. Basée sur 25 mesures via le logiciel, l'épaisseur du revêtement est 1,1 μm ± 0,2. Cette valeur d'épaisseur corrobore les valeurs de rugosités obtenues expérimentalement.

4.8.   Adhérence du revêtement

Le revêtement est une déposition en couches minces sur la surface d'aluminium. Aucun agent n'est responsable d'augmenter l'adhérence. C'est pourquoi que dès qu'un objet touche la surface la superhydrophobicité s'en trouve altérée. C'est donc pour cette raison que le revêtement n'est pas utilisé pour des analyses en chute dans l'eau présenté au Chapitre 6.

4.9.   Conclusions

Un revêtement à base de particules de silice et du fluoroalkylsilane a été obtenu. En appliquant trois minces couches avec une quantité de fluoroalkylsilane adéquate, le revêtement a été optimisé de façon à obtenir des angles de contact de plus de 150°, avec une valeur de diamètre de 119 ± 12 nm. La valeur critique de rugosité à ce diamètre 0.697μm. La nano-microstructure se révèle être responsable de ces angles de contact élevés grâce à l'air emprisonné dans les rugosités. Par calculs mathématiques de base, il a été démontré que le revêtement répond au modèle de Cassie-Baxter. Toutefois, le revêtement obtenu n'est pas résistant mécaniquement. Il ne sera donc pas utilisé dans des analyses ultérieures.

CHAPITRE 5

Revêtements nanocomposites polymérisés à base de nanoparticules d'oxyde de zinc méthylées.

Suite aux résultats obtenus au chapitre précédent nous cherchions à concevoir un revêtement démontrant une résistance/adhérence supérieure, facilement applicable par atomisation, donc en grande échelle.

5.1. Introduction

L'oxyde de zinc est disponible en différentes formes et a les utilités variées. Pour la synthèse d'un revêtement superhydrophobe, l'utilisation d'oxyde de zinc, sous forme de nano poudre, est idéal. La poudre se compose de nanoparticules de 50-150 nm de diamètre. L'oxyde de zinc est aussi reconnu comme étant hydrophile et entre facilement en réaction avec des molécules permettant d'abaisser son énergie. L'agent choisi pour réagir avec la poudre est l'acide stéarique. Dans le but d'obtenir un revêtement peu cher, différents solvants et matrices ont été utilisés.

5.2. Les revêtements expérimentés

Les différents revêtements obtenus sont répertoriés dans le Tableau 2.

Tableau 2 : Essais effectués pour l'obtention du revêtement.

Revêtement #	Composition										Caractéristiques			
	ZnO	SA	TEOS	HCl	Silicone	Époxy	Éthanol	Toluene	Diluant commercial		Tech. Application	Écoulement de l'eau	Angle de contact (°)	Adhérence
1	■	■					■				Dr	+	168	0B
2	■		■				■				Dr	–		
3	■		■	■			■				Dr	–		
4	■	■			■						Dr	+	155	1B
5	■	■			■			■			Dr	+	150	2B
6	■	■			■				■		Dr	+	150	2B
7	■					■					Dr	–		
8	■				■		■				Dr S	+	155	5B
9	■				■		■				Dr	+	160	3B

Le premier essai est un revêtement fait simplement de particules en suspension dans une solution d'éthanol et d'acide stéarique. En l'appliquant sur un substrat d'aluminium, la surface démontre de très bonnes propriétés d'écoulement de l'eau. Toutefois, les propriétés d'adhérence à la surface sont très faibles. Afin d'augmenter l'adhérence, le tetraéthylethoxysilane a été utilisé, seul et de pair avec de l'acide chlorhydrique. Dans ce cas –ci les surfaces ne démontrent aucune propriété superhydrophobe montrant plutôt des propriétés superhydrophiles. Afin de trouver une technique moins couteuse, différents produits disponibles en vente libre ont été utilisés. Le premier produit sélectionné fut de la «Silicone». La silicone est un polymère fait à base de silicium et d'oxygène $(-Si-O-Si-)_n$ utilisé comme agent adhésif, comme agent isolant, mais aussi comme additifs à la peinture. Initialement, le produit est utilisé tel quel et mélangé aux nanoparticules traitées. Difficile d'application, à cause de sa très grande viscosité, il donne toutefois de bons résultats d'écoulement de l'eau. Mais dans un autre sens, les propriétés d'adhérence sont faibles. Afin d'améliorer la facilité d'application, la silicone fut mise en solution avec un diluant à peinture commerciale. La dilution ne fut pas parfaite, mais la solution fut plus facile à appliquer. Encore une fois, le revêtement montre de bonnes caractéristiques superhydrophobes, mais son adhérence est faible. Afin d'obtenir une dilution plus homogène, le toluène, un hydrocarbure aromatique reconnu agent diluant et étant à la base de la plupart des diluants commerciaux. Disponible au prix de 15 $/litre, il dilue la silicone facilement, créant une huile de silicone uniforme. Toutefois, bien que l'application soit beaucoup plus facile et que ses propriétés d'écoulement de l'eau soient fortes, le revêtement ne démontre pas de plus grande propriété d'adhérence.

De façon à augmenter l'adhérence, une peinture industrielle époxy a été investiguée. Appliquée sur une surface d'aluminium, la peinture donne des angles de contact d'environ 85°. En augmentant donc sa rugosité en la jumelant aux nanoparticules de ZnO, une solution dense est obtenue. L'oxyde de zinc se dilue difficilement dans cette solution déjà visqueuse. Le revêtement obtenu est non-uniforme ne permettant pas assez à l'eau de rouler dessus. L'adhérence du revêtement est toute fois meilleure [23, 45, 56-59]. Dans le même ordre d'idées que Karmoush et coll. les particules de ZnO traitées à l'acide stéarique sont ajoutées une solution de peinture époxy, de silicone et de toluène. En variant la concentration de particules, et en appliquant le revêtement par la méthode trempette en une ou deux couches, il est possible d'obtenir la superhydrophobicité. La meilleure solution obtenue est celle contenant un ratio massique 5 : 1 : 4 (Zno-SA : Silicone : époxy). Cette solution fut appliquée simultanément avec l'atomiseur en plusieurs couches. L'adhérence sur ce revêtement atteint la valeur la plus élevée sur l'échelle de la norme soit 5B et des angles de contact d'environ 155°. Pour des fins comparatives, le même ratio a été obtenu, mais en utilisant des particules de ZnO telles que reçues. La solution est elle-même appliquée par procédé trempette. Le revêtement démontre des angles de plus de 160° néanmoins une adhérence faible de l'ordre de 2B sur l'échelle de la norme. La raison pour laquelle l'angle de contact est aussi élevé est que les particules sont recouvertes d'époxy et de silicone offrant ainsi une basse énergie de surface. La disposition des particules à la surface offre une topographie rugueuse optimale permettant à l'eau de bien rouler à la surface. Une analyse préliminaire a été menée dans le but de déterminer l'effet des différentes solutions sur les nano particules de ZnO, traitées par S.A.

5.3. Réactions chimiques

La réaction de l'oxyde de zinc avec l'acide stéarique est montrée en Figure 16.

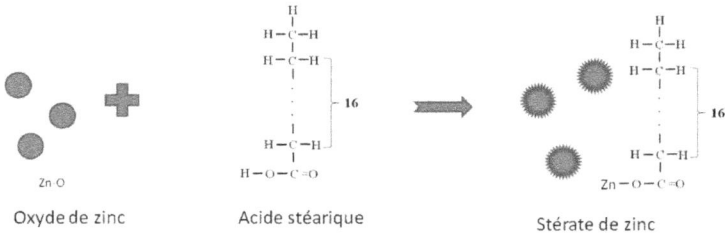

Oxyde de zinc   Acide stéarique   Stérate de zinc

Figure 35 : Mécanisme de réaction de l'oxyde de zinc avec l'acide stéarique. Les molécules d'acide se connectent directement au niveau de l'oxygène permettant un lien robuste et l'obtention de stéarate de zinc.

La longue molécule d'acide laisse un groupement hydroxyle pour le lier directement avec un oxygène de la molécule d'oxyde de zinc. Le produit obtenu serait du stéarate de zinc.

5.4. Analyse photographique

Lors de l'application du revêtement par atomisation sur l'aluminium il a été observé les photographies suivantes (Figure 36).

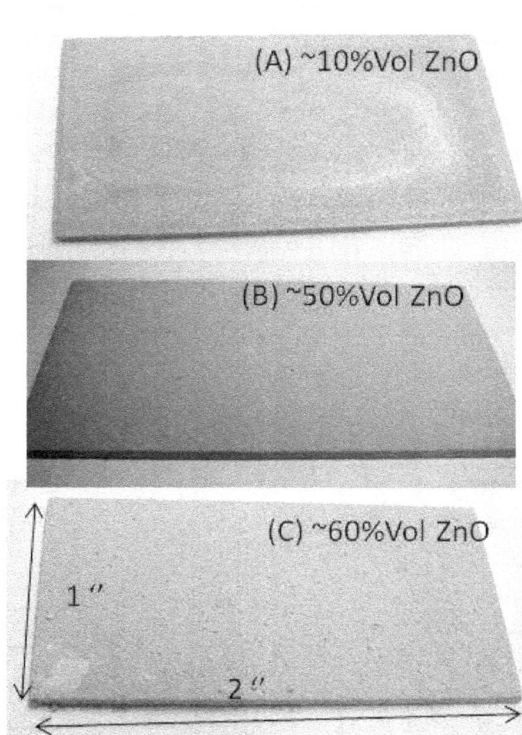

Figure 36 : Revêtements appliqués par atomisation à différentes concentrations de ZnO traité à l'acide stéarique. (A) ~10 % vol. (B) ~50 % vol. et (C) ~ 60 % vol.

La photographie (B) montre le revêtement optimal possédant l'angle de contact le plus élevé. Une observation visuelle montre une surface uniforme similaire à de la peinture, mais avec de plus grandes rugosités. En

71

(A), la solution est faible en ZnO traité. La solution montre une trop faible viscosité et un film mince est difficilement applicable. Un effet similaire est visible lorsque la quantité de poudre est trop grande. La solution est sursaturée laissant de grands amoncellements et augmentant trop les rugosités et diminuant l'adhérence.

5.5. Analyse de la résistance

La Figure 37 montre un substrat d'aluminium recouvert d'un revêtement à base de nanoparticules de ZnO méthylées, dans une matrice de polymère, sur lequel un essai d'adhérence a été accompli. Le revêtement montre une très bonne dureté. En appliquant la bande adhésive sur la surface et en la retirant selon la technique proposée dans la norme, aucune partie supplémentaire n'est arrachée comme le démontre la figure. Le revêtement équivaut à un niveau 5B sur l'échelle de la norme ASTM-D3359-02, 2004, soit la valeur la plus élevée.

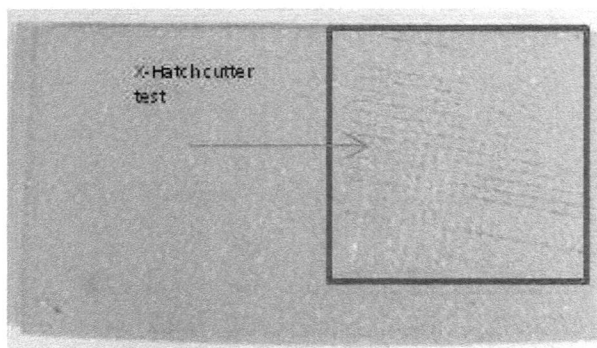

Figure 37 : Analyse de l'adhérence du revêtement par la méthode de X-Hatch cutter montrant une résistance élevée de l'adhérence du revêtement à la surface d'aluminium.

5.6. Analyses aux rayons X

Ce premier spectre (Figure 38) montre le substrat d'aluminium (a) et ce même substrat recouvert de nanoparticules traitées (b). À ces angles les 3 pics à 44.72°, 65.10° et 78.25° [60] démontrent la présence d'aluminium, respectivement Al (200), Al (220) et Al (311). Les autres pics démontrent la présence d'oxyde de zinc [61]. Tous les pics présents montrent des orientations différentes et sont listés comme suit : 31.74° ZnO (100), 34.38° ZnO (002), 36.22° ZnO (101), 47.48° ZnO (102), 56.54° ZnO (110), 62.78° ZnO (103), 66.30° ZnO (200) et 61.87° ZnO (112). Ce démontre que le revêtement contient de l'oxyde de zinc et qu'il est déposé sur le substrat d'aluminium

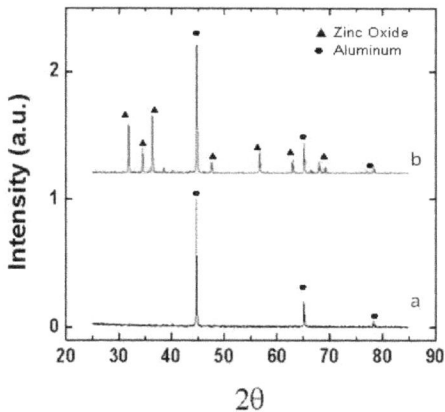

Figure 38 : Spectre XRD (a) d'un substrat d'aluminium recouvert de la matrice de polymère et (b) d'un substrat d'aluminium recouvert d'oxyde de zinc traité à l'acide stéarique dans une matrice de polymère (Angles : 25-85°).

Le spectre de la Figure 39 montre un spectre du substrat d'aluminium recouvert de la matrice de polymère (a). À ces angles (3 à 25°) seulement de l'interférence est visible pour le substrat, car le composé du polymère est utilisé n'est pas cristallin et aucun pic caractéristique n'y est visible. Toutefois, en (b), le spectre montre un substrat semblable avec la même matrice contenant des nanoparticules d'oxyde de zinc traitées avec de l'acide stéarique. Les huit pics présents dans ce spectre démontrent la présence du composé stéarate de zinc. Ce spectre démontre la fonctionnalisation des nanoparticules de ZnO par l'acide stéarique.

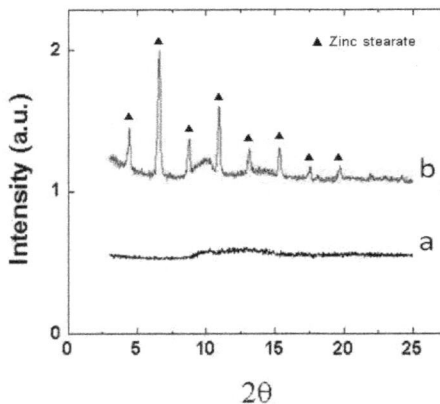

Figure 39 : Spectre XRD (a) d'un substrat d'aluminium recouvert de la matrice de polymère et (b) d'un substrat d'aluminium recouvert d'oxyde de zinc traité à l'acide stéarique dans une matrice de polymère (Angles : 3-25°).

Wang et coll. [62] ont synthétisé une surface de bois superhydrophobe à partir d'oxyde de zinc et d'acide stéarique. Ils ont montré l'obtention d'oxyde de zinc sur un diffractogramme de rayons X. Ils n'ont toutefois pas montré le graphique pour des angles en bas de 30°, où normalement apparaissent des pics significatifs de stéarate de zinc. Dans le même ordre d'idée Saleema et coll. [22] ont obtenu les mêmes pics dans leur spectre de diffraction des rayons X lors du dépôt d'oxyde de zinc méthylées sur des substrats de silicium. Par cette analyse il a été déterminé que l'ajout des particules à différents agents matriciels ne change pas la composition des nanoparticules et que les fonctions données à l'oxyde de zinc sont conservées.

5.7. Analyse microscopique

L'analyse microscopique de la peinture appliquée a été accomplie avec un microscope électronique à balayage et est présentée sur la Figure 40.

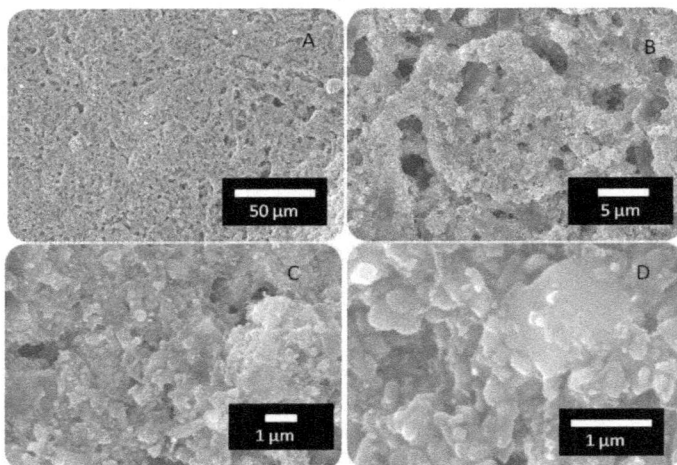

Figure 40 : (A, B, C & D) Dépôt de revêtement à basse énergie de surface nanocomposite polymérisé superhydrophobe, fait à base de nanoparticules d'oxyde de zinc méthylés, à différents grossissements. Les images montrent la déposition en micro (A & B) et en nano (C & D) structures.

L'observation montre un dépôt de particules ayant une forme de coraux ce qui est typique l'application de nanoparticules dans des matrice polymérisées [63]. Les nanoparticules sont complètement enveloppées d'une matrice d'époxy et de silicone. La topographie montre un arrangement de micro et nano rugosités favorisant largement l'emprisonnement d'air dans la topographie. Dans la Figure 40 (A), on remarque déjà un arrangement dans l'échelle micrométrique. En augmentant le grossissement, en Figure 40 (B), ces microrugosités montrent en arrangement désordonné avec de larges trous emprisonnant l'air. En grossissant davantage, des rugosités plus fines sont visibles (Figure 40 (C)). Sur la Figure 40 (D) on reconnait la forme arrondie des nanoparticules de ZnO enveloppées d'une bonne couche de la base de peinture. Selon le modèle de Cassie-Baxter, plus la surface d'air est grande par rapport à la surface solide, plus l'angle de contact est fort. Additionné l'abaissement de l'énergie de surface par la molécule d'acide stéarique, l'eau devient donc repoussée de la surface.

5.8. Variation de l'angle de contact

Afin de trouver la concentration optimale de ZnO dans l'agent polymérisé, il a été varié. L'angle de contact a été mesuré à la surface en utilisant l'appareil VCA optima. La Figure 41 présente la tendance obtenue basée sur cinq mesures aléatoires de gouttes d'eau de cinq µL.

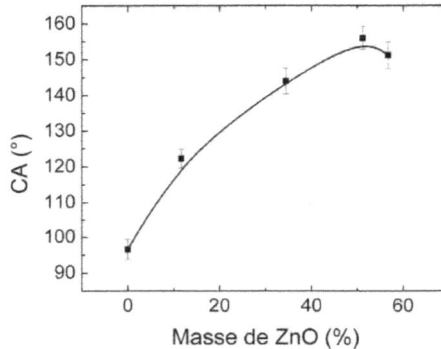

Figure 41 : Variation de l'angle de contact à la surface du revêtement en fonction de la concentration massique de nanoparticules d'oxyde de zinc fonctionnalisé à l'acide stéarique. L'image montre la masse optimale d'oxyde de zinc dans le revêtement.

L'angle de contact varie en fonction de la concentration de ZnO traité dans la matrice. Lorsqu'elle est appliquée sur une surface d'aluminium, la matrice ne contenant pas de ZnO donne un angle de contact de $97 \pm 3°$. À des concentrations d'environ 10 % massique, la solution appliquée sur le substrat d'aluminium donne un angle de contact de $122 \pm 3°$. En augmentant la quantité à 35 % massique de ZnO, l'angle atteint presque la valeur cible de la superhydrophobicité avec un angle moyen de $144 \pm 4°$. En augmentant légèrement la quantité soit à environ

50 % massique, l'angle de contact maximal est atteint à 156± 3°. En augmentant la valeur, l'effet inverse se produit, car à environ 60 % massique, la surface reste superhydrophobe, mais l'angle diminue à 151 ± 4°. Une tendance similaire a été observée par Karmoush et coll. [23] pour des particules en solution dans une matrice de polymère. La tendance obtenue par ces auteurs est pour une densité de particules beaucoup plus faible (0 à 4 %) alors quand dans ce cas-ci la valeur optimale est atteinte avec une valeur de 50 %. Dans leur cas, la particule utilisée est fortement hydrophile, alors une trop forte concentration prend le dessus sur l'énergie de tension de surface du polymère. Aucune donnée sur le polymère de la matrice utilisé n'est incluse dans l'article. À ratio égal à ceux présentés ci-haut, Ogihara et coll. [57] ont obtenu une surface superhydrophobe avec des particules de 50-200nm déposé dans une matrice polymérisée. Dans le cas présent, la particule d'oxyde de zinc est de basse énergie de surface grâce à l'acide stéarique, et grâce au polymère. C'est donc pour ce cas que l'angle de contact prend une plus grande valeur à 50 %. Le seuil critique de ZnO est donc de 50 % massique dans la solution.

5.9. Analyse de la rugosité

Les rugosités de surface ont également été mesurées en fonction d'un volume d'oxyde de zinc varié avec un profilomètre optique. Ces résultats sont présentés sur la Figure 42.

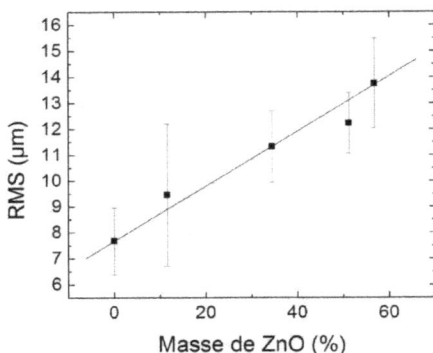

Figure 42 : Variation de la rugosité (RMS) à la surface du revêtement en fonction de la concentration massique d'oxyde de zinc fonctionnalisé à l'acide stéarique. Plus la quantité est élevée plus les rugosités sont élevées.

L'application par atomisation de pair avec les nanoparticules de ZnO méthylées proposent une surface avec une rugosité élevée. L'application de la base (polymère sans nanoparticules) sur le substrat d'aluminium donne des rugosités de 7.6 ± 1.3 μm. En ajoutant environ 10 % massique de ZnO fonctionnalisé, les rugosités augmentent à 9.5 ± 2.7 μm. La tendance d'augmentation se continue lorsque la concentration atteint 35 % massique, en atteignant une valeur de 11.3 μm ± 1.4. En atteignant la valeur critiquepour la plus grande hydrophobicité, soit 50 % masssique, la rugosité atteint 12.2 μm ± 1.2. À environ 60 % massique de ZnO la rugosité est 13.8 μm ± 1.7.

Karmouch et coll. [23] ont quant à eux mesurer la rugosité de leur surface en se basant sur des mesures faites par un microscope à force atomiques. Ils indiquent une valeur de la rugosité avec une moyenne de

80

2,75 µm. Ils n'indiquent toutefois pas la valeur de rugosité pour un revêtement sans particules ni à combien de pourcentage massique de particules les mesures ont été menées. De plus, les particules utilisées sont beaucoup plus petites, soient 15 à 25 nm, alors que dans le cas présent des particules de 50 à 100 nm ont été utilisées. C'est une autre raison expliquant que les rugosités sont plus élevées.

5.10. Validation par le modèle de Cassie-Baxter

La Figure 43 montre un profil transversal ayant une longueur de 100 µm obtenu par microscopie optique. La ligne sur la figure montre la position approximative de la goutte d'eau sur la surface. La fraction de solide touchée par la goutte (f_1 dans Cassie-Baxter) à été mesurée par ordinateur. Dix valeurs ont permis de déterminer la valeur de 0.13 ± 0.10. Cette valeur de f_1 avec le θ_1 qui est considéré comme étant 96.6° pour une surface plane recouverte de la base époxy-silicone (sans nanoparticule) (voir Figure 41) a été mise en équation dans le modèle de Cassie pour déterminer l'angle de contact. L'angle calculé est 152° ± 10°, lequel correspond approximativement à la valeur mesurée par angle de contact pour des films préparés avec des 50 % massique de particules fonctionnalisées. Wang et coll. [62] ont aussi montré que leur revêtement respectait l'équation de Cassie et Baxter en calculant une valeur de f_1, la fraction solide égale à 0.21, se rapprochant de la valeur obtenue dans la recherche.

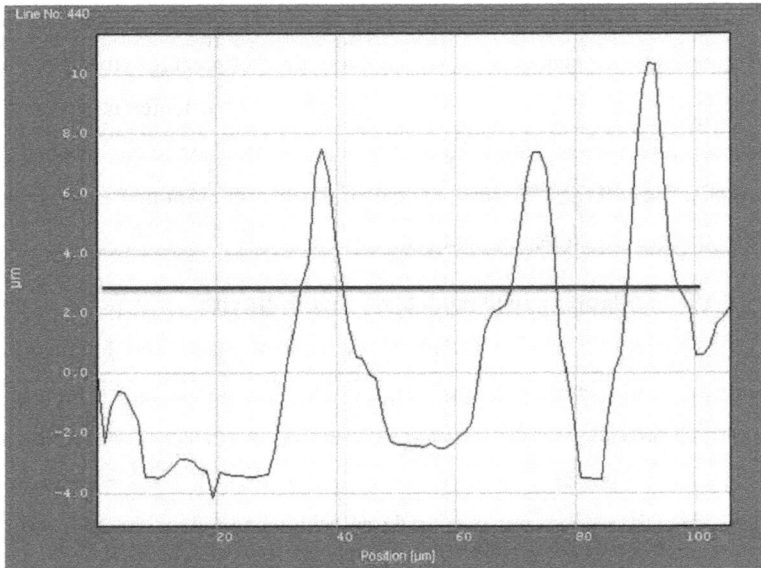

Figure 43 : Section transversale d'un substrat d'aluminium recouvert d'un revêtement contenant 50 % massique de nanoparticules de stéarate de zinc déposés dans une matrice de polymère. L'axe des X montre la position en µm et l'axe des Y montre la profondeur du profil aussi en µm.

5.11. Conclusions

Le revêtement obtenu à partir de nanoparticules d'oxyde de zinc méthylées par l'acide stéarique, offre des propriétés superhydrophobes (CA ~155°), s'applique facilement à grande échelle et propose une résistance aux égratignures et offre une bonne adhérence à l'aluminium (échelle 5B). Le revêtement contenant 50 % en masse d'oxyde de zinc montre les meilleures propriétés d'adhérence en fonction de la superhydrophobicité. Des observations microscopiques que montrent la déposition est en micro et nano structures. Le revêtement déposé sur des surfaces d'aluminium montre des pics significatifs en diffraction des rayons X pour l'oxyde de zinc, mais aussi pour le stéarate de zinc, qui est la terminaison superhydrophobe. Ce revêtement répondant aux critères initiaux sera donc étudié plus en profondeur quant à ses propriétés rhéologiques dans le chapitre 6. Il a été aussi observé que l'agent Acide stéarique permet une plastification des nanoparticules dans la matrice de polymère.

CHAPITRE 6

Mesure des vitesses terminales de sphères superhydrophobes nanocomposites recouvertes de nanoparticules d'oxyde de zinc méthylées dans une matrice de polymère dans l'eau.

6.1. Introduction

Selon Mchale et al. [33], il est possible d'observer des changements de vitesse entre une sphère enduite ou pas de revêtement superhydrophobe. Les résultats présentés montrent les vitesses terminales pour des sphères d'aluminium de 3.8 cm de diamètre à la sectopm 6.2. et des sphères en verre de 1 cm de diamètre à la section 6.3.

6.2. Vitesses terminales de sphères d'aluminium superhydrophobes

Cinq essais ont été effectués consistant à faire chuter des sphères d'aluminium. Les résultats obtenus sont présentés sur la Figure 44.

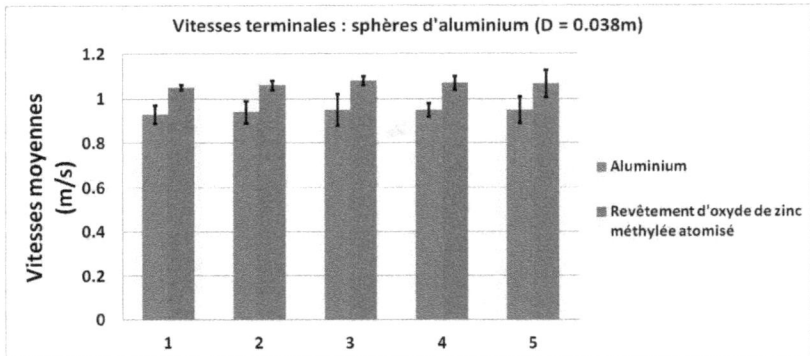

Figure 44 : Vitesses terminales de sphères d'aluminium de 0.038 m de diamètre. Cette figure montre l'augmentation systématique de la vitesse terminale des sphères superhydrophobes.

Lors du premier essai, la vitesse de chute moyenne des sphères d'aluminium a été de 0.93 ± 0.04 m/s alors que celle des sphères recouvertes de revêtement a été de 1.05 ± 0.01 m/s . Il y a donc eu une augmentation de vitesse de 8.8 %. La même tendance a été obtenue dans l'essai deux. Les sphères d'aluminium ont eu une vitesse de 0.94 ± 0.05 m/s alors que les sphères enduites ont obtenu une vitesse de 1.06 ± 0.02 m/s. La différence était de 9.7 %. La plus grande différence arrive lors du troisième essai. Les sphères d'aluminium ont eu une vitesse moyenne de 0.95 ± 0.07 m/s alors que les sphères superhydrophobes ont été en moyenne à une vitesse de 1.08 ± 0.02 m/s . La différence a été de 12.0 %. Lors des essais quatre et cinq, les sphères d'aluminium ont obtenu les mêmes vitesses : 0.95 m/s , de même que les sphères superhydrophobes : 1.07 m/s. Lors de ces deux essais, les différences de vitesse étaient de 11 %. En moyenne le revêtement nanostructuré superhydrophobe donne des vitesses terminales de 11 % plus rapides que les sphères d'aluminium basé sur cinq répétitions. Les résultats sont disponibles sous forme de tableau en Annexe B.

Tel qu'observer par plusieurs auteurs cités initialement les sphères superhydrophobes sont plus rapides [33, 64-66]. Effectivement, l'air emprisonné en surface du corps en mouvement diminue la friction. Lorsqu'elle entre en contact avec l'eau, un film d'air est conservé à la surface ce qui n'est pas le cas pour une sphère d'aluminium telle que reçue. (Figure 45)

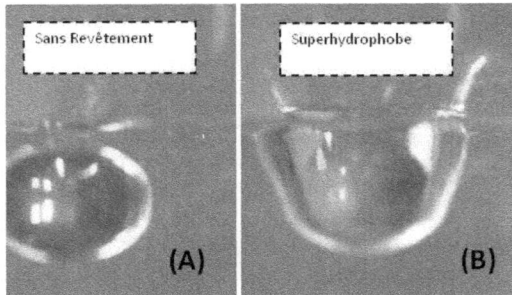

Figure 45 : Entrée à l'eau de (A) une sphère d'aluminium sans revêtement et (B) une sphère superhydrophobe. La sphère superhydrophobe montre l'apparition de mince film d'air à la surface.

Dans la Figure 45 (A) à l'instant que la bille entre dans l'eau, la surface de cette dernière se retrouve enduite d'eau, contrairement à une sphère superhydrophobe. Comme le montre la Figure 45 (b) un film d'air, mieux connu sous le nom de plastron [33, 65] reste emprisonné dans la topographie ce qui diminue le contact eau/solide; diminuant ainsi la friction de surface. La Figure 46 montre le phénomène lors de la suite de la chute.

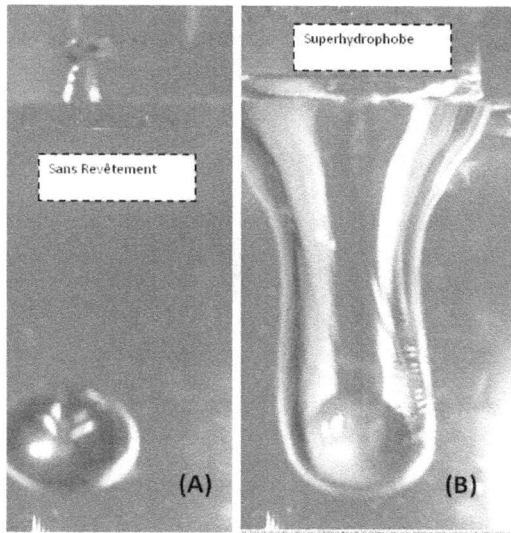

Figure 46 : Chute d'environ 0,15 m de (A) une sphère en aluminium et (B) une sphère superhydrophobe. Le film d'air est prolongé lors de la chute de la sphère dans l'eau

Dans la partie (A), on observe que la sphère est encore une fois recouverte à son interface d'eau tandis qu'en (B) le film d'air y est prolongé démontrant les propriétés superhydrophobes du revêtement.

6.3. Vitesses terminales de sphères de verre superhydrophobes

Afin de valider les résultats des essais précédents, dix essais ont été effectués avec des sphères de verre. Dix sphères ont été utilisées telles que reçues, comparées à dix recouvertes d'oxyde de zinc déposé par bain chimique (ZnO CBD) et 10 autres atomisées avec le revêtement nanocomposite à base d'oxyde de zinc méthylées dans matrice de polymère, proposé au chapitre 5. Les résultats sont présentés dans la Figure 47.

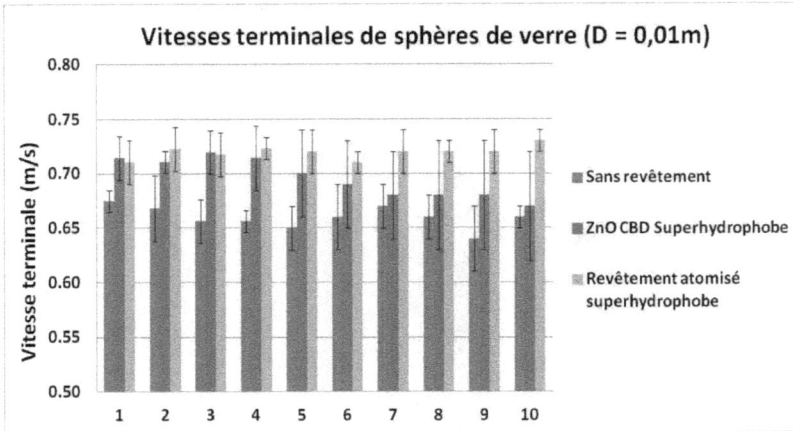

Figure 47 : Vitesses terminales de sphères de verre de 0,01 m de diamètre. Le graphique montre une hausse systématique des surfaces superhydrophobes et une meilleure stabilité dans les vitesses du revêtement nano composite à base de nanoparticules d'oxyde de zinc par rapport à celui déposé chimiquement.

Lors de tous les essais, les sphères sans revêtement ont eu une vitesse moyenne de 0.66 ± 0.01 m/s. Lors de l'essai un, les billes recouvertes par CBD ont montré une vitesse moyenne de 0.71 ± 0.02 m/s , soit 5.5 % plus rapide. Les sphères recouvertes par atomisation montrent approximativement la même vitesse soit 0.71 ± 0.02 m/s. Lors de l'essai deux, les sphères CDB ont été 6.0 % plus rapides, avec une vitesse de 0.71 ± 0.01 m/s alors que les sphères recouvertes par atomisation ont eu une vitesse de 0.72 ± 0.02 m/s . Elles sont allées 7.5 % plus rapides. Lors de l'essai trois, dans les deux cas, les sphères ont été 8.5 % plus rapides. Il en est de même pour l'essai quatre, avec des vitesses de 8 à 9 % plus rapides. Lors des six derniers essais, les valeurs de vitesses des sphères recouvertes par CBD vont en diminuant, passant de 7,1 % plus rapide à

1,5 %. De plus, les précisions sont augmentées à des valeurs de ± 0.04 et ± 0.05 m/s. Sur dix essais les valeurs de vitesses terminales ont donné une augmentation de vitesse d'en moyenne 5.2%. Les vitesses sont diminuées, car il y a usure prématurée du revêtement. À chaque chute, une partie infime du revêtement simplement déposé en surface est arraché. Ce n'est pas du tout les mêmes résultats pour le revêtement atomisé. Sur les six derniers essais, il y a eu une augmentation constante de la vitesse de 7 % à 11 %. La précision sur la valeur est de ± 0.01 à 0.02 m/s, montrant ainsi une stabilité dans les valeurs. Sur les dix essais effectués, le revêtement à augmenter la vitesse terminale moyenne de 8.3 %.

6.4. Discussion

McHale et coll. [33] également ont utilisé des sphères superhydrophobes chutant dans l'eau pour quantifier l'effet sur la trainée, laquelle est intimement reliée à la vitesse terminale. À l'aide d'une caméra haute vitesse et différents capteurs, ils mesurent le déplacement et le temps permettant de calculer la vitesse et le coefficient de traînée. Ils ont obtenu des réductions de trainée de 5 % à 15 % tout dépendant du revêtement utilisé. Gogte et coll. [32] ont proposé une surface superhydrophobe avec des rugosités de 8μm, semblable à la surface superhydrophobe nanocomposite à 50%massique d'oxyde de zinc utilisée lors des essais de chute. Lors de essais avec un rhéomètre, ils ont remarqué une diminution de contrainte de 18 % en moyenne avec la surface. Finalement, Su et coll. [35] ont obtenu pour des essais semblables aux nôtres. Ils ont effectué un essai avec des sphères flottantes démontrant que leur revêtement fait à partir de particules de silice de 14 nm de diamètre est plus rapide de 30 %. Ces résultats obtenus corroborent ceux obtenus expérimentalement et validant ainsi les observations.

6.5. Explication du phénomène d'augmentation de la vitesse.

Les essais de chutes dans l'eau ont permis d'observer différents phénomènes entre les sphères d'aluminium et superhydrophobes (Figure 46). Ce phénomène est détaillé sur la Figure 48.

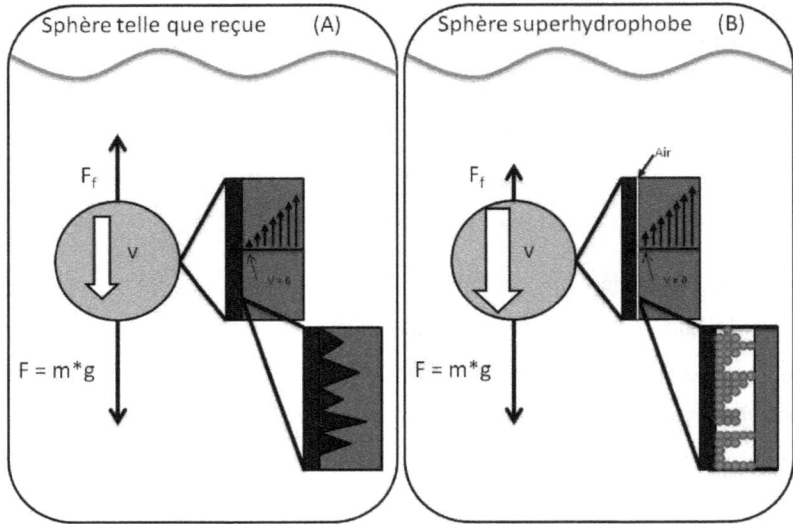

Figure 48 : Explication du phénomène pour (A) une sphère telle que reçue et (B) une sphère superhydrophobe. La sphère telle que reçue montre l'eau dans sa topographie avec une augmentation de la friction tandis que la surface superhydrophobe montre une friction réduite grâce à la présence d'air.

À la Figure 48 (A), une sphère d'aluminium telle que reçue, soit sans revêtement, est montrée. La force (F) est induite par la masse de la sphère et la gravité. Une force opposée (F_f), la force de traînée, est due à la friction. Un grossissement de la surface montre un profil de vitesse type avec une vitesse quasi nulle à la position la plus rapprochée de la surface.

Un grossissement de la surface, au niveau microscopique, montre de plus grandes rugosités. Dans le cas de cette surface, la mouillabilité est complète due à son hydrophilicité (CA < 90°). Cette mouillabilité forte est ce qui induit la force de friction diminuant la vitesse de la sphère.

À la Figure 48 (B), une sphère, de taille et de masse identiques, est superhydrophobe. Encore une fois, lors de la chute dans l'eau, sa vitesse est due par sa masse et la gravité, identique à la sphère d'aluminium. Cette vitesse est aussi réduite par une force de friction, qui est dans ce cas-ci, moindre que celle montrée en (A), identifiéee par un vecteur plus petit. En examinant à l'interface, le profil de vitesse obtenu montre une vitesse non nulle à l'interface. Un film d'air microscopique est présent à la surface est simulé par la ligne blanche à l'interface. En grossissant davantage, une structure composite nano-microstructurée montre un emprisonnement d'air dans la topographie. L'air emprisonné et l'interaction plus faible entre l'eau et la surface et la surface de contact solide liquide réduite, qui sont les caractéristiques types d'un superhydrophobe, sont aussi responsables de cette diminution de friction.

6.6. Conclusions

Le revêtement superhydrophobe a été appliqué sur deux sphères d'aluminium et de verre de diamètres respectif de 0.038m et 0.01m. Lors d'essais de chute dans l'eau, les plus grosses sphères montrent des augmentations de vitesse de 11 %, par rapport à une bille sans revêtement. Un film d'air est présent à la surface du superhydrophobe. Lors des essais avec les petites sphères, des augmentations de vitesse de l'ordre de 8.3 % ont été observées et de 5.2 % sur le revêtement déposé par bain chimique. Le revêtement atomisé montre une meilleure répétitivité que le revêtement déposé chimiquement montrant sa résistance plus élevée. Les résultats

91

corroborent avec les résultats obtenus dans la littérature. Enfin, un modèle simple explique en partie le phénomène de réduction de la friction résultant en l'augmentation des vitesses terminales.

CHAPITRE 7

Conclusions et recommandations

Ce chapitre contient les conclusions du mémoire ainsi que les recommandations.

7.1. Conclusions

Les surfaces superhydrophobes sont des surfaces montrant une mouillabilité faible. Ces surfaces sont un répliqua d'un phénomène observable dans la nature telle que l'effet Lotus. Plusieurs techniques sont utilisées pour obtenir ces surfaces et elles ont les applications variées dans le domaine des transports. Les sources de carburants fossiles n'étant pas illimitées, il est important dans la société actuelle de chercher à diminuer la friction de surface, qui en est en partie responsable des consommations de carburants. Les surfaces superhydrophobes peuvent être une voie de solution, offrant une modification facile et peu couteuse sans altérer les propriétés mécaniques des matériaux de base. Ce projet de maitrise avait comme objectifs de proposer des revêtements superhydrophobes montrant de bonnes caractéristiques d'adhérence et étant facilement applicable en grande échelle.

Un premier revêtement proposé est à base de nanoparticules de silice fluorées. Les nanoparticules de silice ont été synthétisées par le procédé Stöber avec du tetraethoxysilane et de l'hydroxyde d'ammoniac, puis fonctionnalisées avec du fluoroalkylsilane. Appliquée en trois couches par enduction centrifuge, la couche mince d'environ 1 µm offre des angles de contact allant jusqu'à 165°. Aux valeurs optimales de 119 nm ± 12 de diamètre et de 0.697 µm de rugosité, la surface donne des angles de 150°. Les analyses en microscopie ont révélé une micro et une nano structure offrant de larges possibilités d'emprisonnement d'air. Un modèle a été proposé pour expliquer l'augmentation de rugosités et des angles de contact lorsque le diamètre est augmenté. Il a été démontré comment le revêtement répond bien au modèle de Cassie-Baxter. Cependant, le revêtement n'était pas suffisamment résistant, ainsi il ne peut pas satisfaire les conditions demandées.

Deuxièmement, un revêtement nano composite polymérisé à base de nanoparticules d'oxyde de zinc méthylisé a donné des couches minces superhydrophobes lorsque les proportions de polymères sont adéquates. Il s'applique facilement en grande échelle en utilisant l'atomisation. Il possède une adhérence de 5B sur l'échelle ASTM, de plus, il démontre une résistance plus grande que la plupart des surfaces rugueuses superhydrophobes, ce qui est comparable à une peinture commerciale. À une valeur de 50 % massique de ZnO fonctionnalisé, le revêtement donne des angles de contact allant jusqu'à 156°. Des réfractogrammes des rayons X ont confirmé la déposition d'oxyde de zinc et de stéarate de zinc sur l'aluminium. De plus, une analyse au microscope a confirmé la déposition de micro et de nano structures favorisant l'emprisonnement d'air à l'interface.

Finalement, il a été démontré qu'un revêtement superhydrophobe peut favoriser la diminution de friction. L'application sur des sphères d'aluminium et de verre, en les comparant à des surfaces sans revêtement, lors d'une chute dans l'eau, a conduit àdes augmentations de vitesses de 5 à 11 % sont observables. Les augmentations sont comparables à la littérature. Le phénomène a été expliqué sur avec un modèle simple qui met en évidence les effets d'une mince couche d.air en surface.

7.2. Recommandations

Le domaine de la recherche sur les technologies et application en nanotechnologie est relativement récent, son évolution est constante et rapide. Dans le but de compléter cette étude, d'éventuelles avenues de recherches plus approfondies sont proposées :

- De vérifier les effets des revêtements sur la traînée avec une balance aérodynamique en et comparer les résultats avec ceux obtenus en littérature et industriellement.

- D'effectuer plus d'essais permettant d'évaluer la résistance du revêtement comme des essais d'érosions par le sable et la pluie ou encore de dégradation UV.

- D'évaluer les effets réels du revêtement dans le cadre d'un usage commercial ou industriel à grande échelle.

Références

[1]   «Characterization and Distribution of Water-repellent, Self-cleaning Plant Surfaces», Neinhuis, C. ; Barthlott, W., *Ann. Botan.* (1997), *79*, 667-677.

[2]   «Biophysics: Water-repellent legs of water striders», Gao, X. ; Jiang, L., *Nature* (2004), *432*, 36.

[3]   «An Essay on the Cohesion of Fluids», Young, T., *Trans. R. Soc. Lond.* (1805), *95*, 65-87.

[4]   «Resistance of Solid Surfaces to Wetting by Water», Wenzel, R.N., *Ind. Eng. Chem.* (1936), *28*, 988-994.

[5]   «Wettability of porous surfaces», Cassie, A.B.D. ; Baxter, S., *Trans. Faraday Soc.* (1944), *40*, 546-551.

[6]   «Super-hydrophobic nickel films with micro-nano hierarchical structure prepared by electrodeposition», Hang, T.; Hu, A.; Ling, H.; Li, M. ; Mao, D., *Appl. Surf. Sci.* (2009), *256*, 2400-2404.

[7]   «One-step coating of fluoro-containing silica nanoparticles for universal generation of surface superhydrophobicity», Wang, H.; Fang, J.; Cheng, T.; Ding, J.; Qu, L.; Dai, L.; Wang, X. ; Lin, T., *Chem. Commun.* (2007), *1*, 877-879.

[8]   «Preparation of hard super-hydrophobic films with visible light transmission», Nakajima, A.; Abe, K.; Hashimoto, K. ; Watanabe, T., *Thin Solid Films* (2000), *376*, 140-143.

[9]   «From hydrophilic to superhydrophobic: Fabrication of micrometer-sized nail-head-shaped pillars in diamond», Karlsson, M.; Forsberg, P. ; Nikolajeff, F., *Langmuir* (2009), *26*, 889-893.

[10] «A one-step process to engineer superhydrophobic copper surfaces», Huang, Y.; Sarkar, D.K. ; Chen, X.G., *Mater. Lett.* (2010), *64*, 2722-2724.

[11] «Superhydrophobic Aligned Polystyrene Nanotube Films with High Adhesive Force», Jin, M.; Feng, X.; Feng, L.; Sun, T.; Zhai, J.; Li, T. ; Jiang, L., *Advanced Materials* (2005), *17*, 1977-1981.

[12] Julien, F.S. Ministère des transports du Québec, 1995, ISBN : 978-2-550-55321-2

[13] Munson, B.R.; Young, D.F. ; Okiishi, T.H., *Fundamentals of fluid mechanics*. **2002**, New York ;: Wiley. xvii, 840, [816] p.

[14] «Synthesis of Monodisperse Fluorinated Silica Nanoparticles and Their Superhydrophobic Thin Films», Brassard, J.-D.; Sarkar, D.K. ; Perron, J., *ACS Appl. Mater. Interfaces* (2011), *3*, 3583-3588.

[15] Noormohammed, S., *Nanostructured thin films for icephobic applications Couches minces nanostructurées pour des applications glaciophobes*. **2009**, [Chicoutimi]: Université du Québec à Chicoutimi. 159

[16] «Chemical nature of superhydrophobic aluminum alloy surfaces produced via a one-step process using fluoroalkyl-silane in a base medium», Saleema, N.; Sarkar, D.K.; Gallant, D.; Paynter, R.W. ; Chen, X.G., *ACS Appl. Mater. Interfaces* (2011), *3*, 4775–4781.

[17] «One-step fabrication process of superhydrophobic green coatings», Sarkar, D.K. ; Saleema, N., *Surf.Coat. Technol.* (2010), *204*, 2483-2486.

[18]   «Superhydrophobic Carbon Nanotube Forests», Lau, K.K.S.; Bico, J.;
       Teo, K.B.K.; Chhowalla, M.; Amaratunga, G.A.J.; Milne, W.I.;
       McKinley, G.H. ; Gleason, K.K., *Nano Lett.* (2003), *3*, 1701-1705.

[19]   «Superhydrophobic properties of ultrathin rf-sputtered Teflon films
       coated etched aluminum surfaces», Sarkar, D.K.; Farzaneh, M. ;
       Paynter, R.W., *Mater. Lett.* (2008), *62*, 1226–1229.

[20]   «Dual-scaled stable superhydrophobic nano-flower surfaces», Chen,
       L.; Xiao, Z.; Chan, P.C.H. ; Lee, Y.K., *TRANSDUCERS 2009 - 15th
       International Conference on Solid-State Sensors, Actuators and
       Microsystems* (2009), 441-444.

[21]   «Simple nanofabrication of a superhydrophobic and transparent
       biomimetic surface», Lim, H.; Jung, D.H.; Noh, J.H.; Choi, G.R. ; Kim,
       W.D., *Chinese Science Bulletin* (2009), *54*, 3613-3616.

[22]   «Thermal effect on superhydrophobic performance of stearic acid
       modified ZnO nanotowers», Saleema, N. ; Farzaneh, M., *Appl. Surf.
       Sci.* (2007), *254*, 6.

[23]   «Superhydrophobic wind turbine blade surfaces obtained by a
       simple deposition of silica nanoparticles embedded in epoxy»,
       Karmouch, R. ; Ross, G.G., *Appl. Surf. Sci.* (2010), *257*, 665-669.

[24]   Brinker, C.J. ; Scherer, G.W., *Sol-gel science.* **1990**. Medium: X; Size:
       Pages: (912 p).

[25]   «Controlled growth of monodisperse silica spheres in the micron
       size range», Stöber, W.; Fink, A. ; Bohn, E., *J. Colloid and Interface
       Sci.* (1968), *26*, 62-69.

[26] «Formation process of a strong water-repellent alumina surface by the sol-gel method», Feng, L.; Li, H.; Song, Y. ; Wang, Y., *Appl. Surf. Sci.* (2010), *256*, 3191–3196.

[27] «Fabrication of superhydrophobic sol-gel composite films using hydrophobically modified colloidal zinc hydroxide», Lakshmi, R.V. ; Basu, B.J., *J. Colloid and Interface Sci.* (2009), *339*, 454-460.

[28] «Enhancement of water-repellent performance on functional coating by using the Taguchi method», Lin, T.-S.; Wu, C.-F. ; Hsieh, C.-T., *Surf.Coat. Technol.* (2006), *200*, 5253-5258.

[29] «Superhydrophobic surfaces and emerging applications: Non-adhesion, energy, green engineering», Nosonovsky, M. ; Bhushan, B., *Current Opinion in Colloid & Interface Science* (2009), *14*, 270-280.

[30] «Preparation and Characterisation of Super-Hydrophobic Surfaces», Crick, C.R. ; Parkin, I.P., *Chemistry – A European Journal* (2010), *16*, 3568-3588.

[31] «Laminar drag reduction in microchannels using ultrahydrophobic surfaces», Ou, J.; Perot, B. ; Rothstein, J.P., *Physics of Fluids* (2004), *16*, 4635-4643.

[32] «Effective slip on textured superhydrophobic surfaces», Gogte, S.; Vorobieff, P.; Truesdell, R.; Mammoli, A.; van Swol, F.; Shah, P. ; Brinker, C.J., *Physics of Fluids* (2005), *17*, 1-4.

[33] «Terminal velocity and drag reduction measurements on superhydrophobic spheres», McHale, G.; Shirtcliffe, N.J.; Evans, C.R. ; Newton, M.I., *Appl. Phys. Lett.* (2009), *94*, 0517011-0517014.

[34] «Superhydrophobic and Superoleophobic Nanocellulose Aerogel Membranes as Bioinspired Cargo Carriers on Water and Oil», Jin, H.; Kettunen, M.; Laiho, A.; Pynnönen, H.; Paltakari, J.; Marmur, A.; Ikkala, O. ; Ras, R.H.A., *Langmuir* (2011), *27*, 1930-1934.

[35] «Toward Understanding Whether Superhydrophobic Surfaces Can Really Decrease Fluidic Friction Drag», Su, B.; Li, M. ; Lu, Q., *Langmuir* (2009), *26*, 6048-6052.

[36] Tripple O's, <http://tripleops.com/benefits-technical.php> Site en ligne, page consultée 2011-10-01.

[37] «A note on spin-coating with small evaporation», Cregan, V. ; O'Brien, S.B.G., *Journal of Colloid and Interface Science* (2007), *314*, 324-328.

[38] Laforte, C., *Étude de l'adhérence de la glace sur des solides à caractère glaciophobe*, in *Sciences appliquées* 2001, Université du Québec à Chicoutimi: Chicoutimi, PQ. p. 152.

[39] ASTM-D3359-02, 2004. Annual Book of ASTM Standards, 06.01. ASTM International, West Conshohocken, PA, USA, pp. 397–403..

[40] «Preparation of ultra water-repellent films by microwave plasma-enhanced CVD», Hozumi, A. ; Takai, O., *Thin Solid Films* (1997), *303*, 222-225.

[41] «Superhydrophobic silica films by sol-gel co-precursor method», Latthe, S.S.; Imai, H.; Ganesan, V. ; Rao, A.V., *Appl. Surf. Sci.* (2009), *256*, 217-222.

[42] «Gas Barrier Performance of Surface-Modified Silica Films with Grafted Organosilane Molecules», Teshima, K.; Sugimura, H.; Inoue, Y. ; Takai, O., *Langmuir* (2003), *19*, 8331-8334.

[43]   «Superhydrophobic Polyimide Films with a Hierarchical Topography: Combined Replica Molding and Layer-by-Layer Assembly», Zhao, Y.; Li, M.; Lu, Q. ; Shi, Z., *Langmuir* (2008), *24*, 12651-12657.

[44]   «Designing Novel Hybrid Materials by One-Pot Co-condensation: From Hydrophobic Mesoporous Silica Nanoparticles to Superamphiphobic Cotton Textiles», Pereira, C.; Alves, C.; Monteiro, A.; Magén, C.; Pereira, A.M.; Ibarra, A.; Ibarra, M.R.; Tavares, P.B.; Araújo, J.P.; Blanco, G.; Pintado, J.M.; Carvalho, A.P.; Pires, J.; Pereira, M.F.R. ; Freire, C., *ACS Appl. Mater. Interfaces* (2011), *3*, 2289-2299.

[45]   «Anti-Icing Superhydrophobic Coatings», Cao, L.; Jones, A.K.; Sikka, V.K.; Wu, J. ; Gao, D., *Langmuir* (2009), *25*, 12444-12448.

[46]   «Effect of hydrolysis groups in fluoro-alkyl silanes on water repellency of transparent two-layer hard-coatings», Hozumi, A. ; Takai, O., *Appl. Surf. Sci.* (1996), *103*, 431-441.

[47]   «Smart Control of Monodisperse Stöber Silica Particles: Effect of Reactant Addition Rate on Growth Process», Nozawa, K.; Gailhanou, H.; Raison, L.; Panizza, P.; Ushiki, H.; Sellier, E.; Delville, J.P. ; Delville, M.H., *Langmuir* (2004), *21*, 1516-1523.

[48]   Stuart, B., *Infrared Spectroscopy : Fundamentals and Applications*. **2004**, Chichester: J. Wiley. 224.

[49]   «Dielectric properties of sol-gel derived high-k titanium silicate thin films», Sarkar, D.K.; Brassard, D.; Khakani, M.A.E. ; Ouellet, L., *Thin Solid Films* (2007), *515*, 4788-4793.

[50]   «Facile preparation of super-hydrophobic and super-oleophilic silica film on stainless steel mesh via sol-gel process», Yang, H.; Pi, P.; Cai,

Z.-Q.; Wen, X.; Wang, X.; Cheng, J. ; Yang, Z.-r., *Appl. Surf. Sci.* (2010), *256*, 4095-4102.

[51]   Carré, A. ; Mittal, K.L., *Superhydrophobic surfaces*. **2009**, Leiden: VSP. 495 p.

[52]   «Influence of Roughness on a Transparent Superhydrophobic Coating», Cho, K.L.; Liaw, I.I.; Wu, A.H.F. ; Lamb, R.N., *J. Phys. Chem. C* (2010), *114*, 11228-11233.

[53]   «Structural, optical and hydrophobic properties of sputter deposited zirconium oxynitride films», Rawal, S.K.; Chawla, A.K.; Chawla, V.; Jayaganthan, R. ; Chandra, R., *Mater. Sci. Eng. B* (2010), *172*, 259-266.

[54]   «Tuning Wettability by Controlled Roughness and Surface Modification Using Core-Shell Particles», Synytska, A.; Ionov, L.; Minko, S.; Motornov, M.; Eichhorn, K.-J.; Stamm, M. ; Grundke, K., *Polym. Mater. Sci. Eng.* (2004), *90*, 624.

[55]   «Super-"Amphiphobic" Aligned Carbon Nanotube Films», Li, H.; Wang, X.; Song, Y.; Liu, Y.; Li, Q.; Jiang, L. ; Zhu, D., *Angewandte Chemie International Edition* (2001), *40*, 1743-1746.

[56]   «Facile Fabrication of Transparent Superhydrophobic Surfaces by Spray Deposition», Hwang, H.S.; Kim, N.H.; Lee, S.G.; Lee, D.Y.; Cho, K. ; Park, I., *ACS Appl. Mater. Interfaces* (2011), *3*, 2179-2183.

[57]   «Facile Fabrication of Colored Superhydrophobic Coatings by Spraying a Pigment Nanoparticle Suspension», Ogihara, H.; Okagaki, J. ; Saji, T., *Langmuir* (2011), *27*, 9069-9072.

[58]   «Nonaligned Carbon Nanotubes Partially Embedded in Polymer Matrixes: A Novel Route to Superhydrophobic Conductive

Surfaces», Peng, M.; Liao, Z.; Qi, J. ; Zhou, Z., *Langmuir* (2010), *26*, 13572-13578.

[59]   «Spray-Coated Fluorine-Free Superhydrophobic Coatings with Easy Repairability and Applicability», Wu, W.; Wang, X.; Liu, X. ; Zhou, F., *ACS Appl. Mater. Interfaces* (2009), *1*, 1656-1661.

[60]   Aluminum JCPDS # [01-085-1327]

[61]   Zinc oxide JCPDS # [01-089-1397]

[62]   «Fabrication of a superhydrophobic surface on a wood substrate», Wang, S.; Shi, J.; Liu, C.; Xie, C. ; Wang, C., *Appl. Surf. Sci.* (2011), *257*, 9362-9365.

[63]   «Spray-coated superhydrophobic coatings with regenerability», Men, X.; Zhang, Z.; Yang, J.; Zhu, X.; Wang, K. ; Jiang, W., *New Journal of Chemistry* (2011), *35*, 881-886.

[64]   «Drag reduction in turbulent flows over superhydrophobic surfaces», Daniello, R.J.; Waterhouse, N.E. ; Rothstein, J.P., *Physics of Fluids* (2009), *21*, 0851031-0851039.

[65]   «Immersed superhydrophobic surfaces: Gas exchange, slip and drag reduction properties», McHale, G.; Newton, M.I. ; Shirtcliffe, N.J., *Soft Matter* (2010), *6*, 714-719.

[66]   «Superhydrophobic Copper Tubes with Possible Flow Enhancement and Drag Reduction», Shirtcliffe, N.J.; McHale, G.; Newton, M.I. ; Zhang, Y., *ACS Appl. Mater. Interfaces* (2009), *1*, 1316-1323.

ANNEXES

Annexe A : Calcul de la densité de fluoroalkylsilane

Calcul de la densité de fluoroalkylsilane à la surface des nanoparticules de silice. (molécules par cm^2).

Il est assumé que 1 mole TEOS donne 1 mole de SiO$_2$.

750 microlitres (Quantité fixe) de TEOS dans 50 ml d'éthanol avec une quantité variée de NH$_4$OH pour contrôler la grosseur des particules de SiO$_2$ de 40 nm à 300 nm.

750 microlitres de TEOS égalent 0.0033588 mole. La même quantité de SiO2 est donc produite.

Assumant que :

V_{silica} = volume de silice (cm^3)
n_{silica} = mole de silice (mol)
M_{silica} = Masse molaire de silice (60.084 g/mol)
ρ_{silica} = densité de silices (1.9 g/cm^3)

$$V_{silica} = \frac{n_{silica} M_{silica}}{\rho_{silica}}$$

Le volume total de SiO$_2$ dans chaque expérience est 0.1062 ml (cm^3)

Pour une particule de diamètre D

$V_{particle}$ = volume de particule (cm^3)

$$V_{particle} = \frac{4}{3} * \pi * \left[\frac{D}{2}\right]^3 = 1.0472\, D^3$$

Divisant V_{silica} par $V_{particle}$ le nombre de particules, $nb_{particle}$ est obtenu.

$$nb_{particle} = \frac{V_{silica}}{V_{particle}} = \frac{0.1014}{D^3}$$

L'aire d'une particule est :

$$A_{particle} = 4 * \pi * \left[\frac{D}{2}\right]^2 = 3.1416\, D^2$$

A_{total} est la somme de toutes les aires des particules

$$A_{total} = A_{particle} * nb_{particle} = \frac{0.3186}{D}$$

$1.42 * 10^{-4}$ mole de FAS-17 (n_{FAS-17}) sont mis en solution.

$Nb_{molecules\ FAS-17}$ est le nombre de molécules de FAS-17 et est : $8.5*10^{19}$ molécules

$$Densité\ de\ FAS17 = \frac{Nb_{molecule\ FAS17}}{A_{total}}$$
$$= 2.668 * D * 10^{20}\ molecules/cm^2$$

En suivant le diamètre, le nombre de FAS-17 par cm^2 a été calculé.

Annexe B : Résultats des essais de chute

Annexes C : Communications

- Publication

  - *Brassard, J.-D.; Sarkar, D.K. ; Perron, J., ACS Appl. Mater.* *Interfaces*
    *DOI : 2011*10.1021/am2007917

- Conférences et présentations

  - 2010 : 1St Conference on Nanotechnologies : Fundamental and application : *Nanostructured superhydrophobic coatings using fluoroalkylsilane modified silica nanoparticles.*

  - 2010 : JER – Régal : *Revêtement nanostructuré superhydrophobe sur l'aluminium en vue d'applications en aérodynamique. (PRIX REGAL AXE 3)*

  - 2011 : ACFAS : *Revêtement nanostructuré superhydrophobe à partir de nanoparticules de silice traitée au fluoroalkylsilane.*

  - 2011 : Thermec : *Surface modification and functionalization of oxide nanoparticles for superhydrophobic applications.*

  - 2011 : JER – Régal : *Revêtements nanostructurés superhydrophobes à base de nanoparticules d'oxyde fonctionnalisées sur l'aluminium en vue d'applications sous-marines*

108

www.ingramcontent.com/pod-product-compliance
Lightning Source LLC
Chambersburg PA
CBHW021109210326

41598CB00017B/1384